梦幻刨冰

日本刨冰名店人气食谱

[日]株式会社旭屋出版 著

周丹 译

中国纺织出版社有限公司

日式刨冰的发展

"埜庵"刨冰店老板 / 刨冰文化史研究专家
石附浩太郎

这本书的日文版出版于2019年，这一年也是日本迈向新年号的第一年，而"埜庵"搬到鹄沼重新开张的日子恰好是在日本换新年号开始的第一天，即5月1日。到今年"埜庵"正好营业第15个年头（如果是从镰仓创业开始算的话那便是第17年）。在迎接新年之际，我想重新回顾一下日式刨冰的发展史和自己的刨冰店。

作为"夏季风物诗[1]"的日式刨冰，其发展史最早出现的记录可追溯到平安时代清少纳言[2]的《枕草子》："在刨冰里加入甜味作料，装进新的金碗里。"

在削好的冰片上浇上树汁煎煮制成的糖浆，装在远渡过来的金属器皿里。在《枕草子》第42段"高贵的事物"中这样介绍：能享受吃冰的只不过是一部分特权阶级。那是为什么呢？因为当时的冰和现在的不一样，是一种不是那么容易就能得到的东西。现在去便利店随时都可以买到冰，冰箱角落里也冻着随时能用的冰。因为太普遍了，所以谁都不会去感激，其实百姓能够自由地吃到冷冻的东西，从漫长的历史来看，就是最近的事情（如果是日本的话，到了明治时代以后，即从《枕草子》出现记录开始，大约又过了900年）。

清少纳言（公元966 ~ 1025年）所处的时代，宫中设有专门管理水与冰的部门，正因如此，冰才是非常重要且非常特别的食材。

到了江户时代（公元1603 ~ 1867年），情况也没有发生什么变化，冰块仍然很珍贵，只能是给德川家的贡品。历史上曾有记载，百姓们为了那些冰融化后的冰水，总会在搬运冰块的那天聚集在一起。如果能尝到一口冰凉的水，对于普通百姓来说都是极为奢侈的。史书中也曾记载，在江户时代，可以看到南国土佐藩[3]曾到四国深山里建造冰窟。而说到高知县，《土佐日记》的作者纪贯之作为国司赴任是很有名的事情。恐怕，当时先进的冰室技术，在这样的皇家贵族作为地方长官赴任的时候就可以被推广了。

人类是从何时起才开始能在任何季节都能随时使用冰块呢？正如刚才所说的，日本大约是在日本明治时代之后。从世界范围来看，大概是在19世纪30年代压缩式冷冻机被发明出来才算真正的开始。也就是说，在日本，明治以前与其说是刨冰，不如说是将冰块保存到夏天，这是人类智慧的发展史。我们所说的刨冰的历史，一

---

❶ 能代表日本季节印象的关键词，被称为"风物诗"。

❷ 日本平安时代著名的歌人、女作家。

❸ 土佐藩是废藩置县实施前于土佐国（今高知县）一带的统称。

般是指从明治时代以后。

到了明治时代，冰块的保存和制造技术变得更普遍，冰和以前不同，成为普通百姓也能得到的东西。刨冰在当时还引起了一阵热潮。对于当时的百姓来说，“冰凉”是一种我们现在无法想象的美味。如果说人类初尝的好滋味是“温润”的话，那么“冰凉”应该算是人类最终获得的美味。

将这种“冰凉的美味”做成日本人独特的食用方式的就是“日式刨冰”。天热的时候想吃冷的东西是人的生理需求。要想考证今天的冰点点心起源于哪个国家，似乎有点唯度。但是考虑到人类能够自由地得到“冰凉”也就100多年的时间，世界上冰点的差异就可以被当作不同国家的饮食文化来看待。美式冰激凌、意式冰激凌、雪酪，然后是日式刨冰。

这样的刨冰直到现在也是夏天特有的食物。“埜庵”起航的2003年，冬天吃刨冰的人还很少。一年四季都吃冰的人反而会被看作“奇怪的人”。然而这种意识在最近被打破了。虽然还不到10年，但这10年对于刨冰来说，是一个颠覆100多年历史的巨大变革期。

因为人们有了在寒冷的时候也能吃冰的意识，所以现在可以尝试前所未有的东西了。首先，冬天用时令食材制作糖浆。就像明治时期最初成为刨冰素材的柠檬水一样，柑橘类水果是最适合作为糖浆的材料。其次是草莓，这些冬天使用应季水果制作糖浆的“新方法”逐渐普及，“刨冰”的可能性一下子扩大了。

当时，我非常认真地思考了冬天吃刨冰的理由。为了不让冬天来“埜庵”的客人在工作单位或学校里成为“奇怪的人”。为此我首先考虑的是“W草莓”，即把新鲜草莓制作的草莓冻放进浇了草莓糖浆的刨冰上。加入草莓冻可以和刨冰之间产生温差，让口中的温度不会过低。因此，一道专属于冬天的日式刨冰诞生了。“真正美味的草莓刨冰只有在这个时期才能吃到”。通过大家口口相传，冬天的刨冰一点点地流传开来了。

一方面，因为使用了优质的食材，加上顾客的消费观念发生了改变，刨冰和过去有了天翻地覆的变化，价格不菲。但顾客喜欢这样的优质刨冰，刨冰产业也随之扩大了。最初的时候，我们也听到了“太贵了！”的意见。但是，如果像以前那样一杯的价格，就不会产生现在质感上的创意了。我想做的是“享受亲子刨冰时刻”，这样的愿望实现了，但也相对减少了小朋友自己拿着零花钱来吃冰的机会。而且，这几年日式刨冰不仅使用各种别出心裁的食材，甚至还使用打泡的料理方式，变着新花样将刨冰打造成蛋糕形状等，使用了前所未有的新技术制作的刨冰被称为

“进化形态”，直到现在，刨冰也一直在不断地发展着，精益求精。

另一方面，刨冰的发展并没有局限在容器中。2015年，美国较领先的料理学校“美国厨艺学院”（简称CIA）加州分校举办一场活动，我有机会与众多日本厨师一起作为亚洲的代表，在全美的料理相关人员面前进行演讲。我是受三得利先生的邀请去美国的。现在回想起来也是一种全新的体验，真的是一次非常好的经历。

最让我高兴的是，在宽敞的中央厨房一切都准备就绪后，很多外国主厨自然而然地聚集了过来，这个场景最让我开心。一开始大家都非常的好奇，觉得“不需要像制作彩虹冰那样费事吧”，但到最后人人将“Amazing！”挂在嘴上，就连当地的料理名人也赞不绝口。这对我来说是至高无上的荣耀，与此同时也让我再次强烈地意识到日式刨冰还有无限的可能。

日本料理曾在全世界风靡一时，而日式刨冰在海外也非常受欢迎，尤其是在亚洲国家。在韩国和中国，日式刨冰专卖店发展迅速。可以说在海外的发展势头超过了日本。

此外，近几年来日本国内为了振兴城镇的发展，开始推广刨冰。除了我所在的地区，山梨县北杜市和新潟县长冈市、燕三条市都积极参与其中。山梨县的北杜市分别使用天然水和水果等当地特产制作成冰块和糖浆。为大力推行农业第六次产业化的发展进程，刨冰也成为不同于以往的战略性提案。

以“金属加工和制造业”而闻名的新潟县长冈市、燕三条市在刨冰机的刀刃上非常讲究，他们致力于制造新颖的刨冰机，这也让新城镇的开发工作出现胜利的曙光。

我在本书的最后一章讲到了作为商业的刨冰。迄今为止餐饮行业以规模来获取利润是常见的形式。但是现在这种形式正在发生变化。因人手不足而苦恼的应该是大型连锁餐饮企业

PROFILE

石附浩太郎

ISHIZUKI KOTARO

1965年出生于东京都。大学学习商品学，毕业后曾任职于音乐机器制造商，2003年离职，在镰仓开创了一间名为“埜庵”的全年供应冰品的刨冰专卖店，开始了创业生涯。2005年搬迁至藤泽市鹄沼海岸。独创的糖浆是使用当季水果等食材调制而成，从而吸引大批客人前来品鉴充分表现四季美味的刨冰。即使是寒冬时节，也受到粉丝的追捧。

吧。我想现在已经到了个人店铺经营也同样处于竞争的时代了，尤其是刨冰更是一种很难靠规模产生经济效益的商品。不能一次做很多，也没办法让客人打包和邮寄。无论是大型连锁店还是个体经营，都只能在同样的条件下竞争，还有很多同类商品。此外，刨冰市场大企业很少涉足，因此诞生了很多个性十足的小店，这让刨冰不断创新。无论是容器内的食材还是容器外的装饰等，我们也还有很多可以改进和创新之处。

虽然现如今刨冰风靡全日本，但身为营业人员的我们都应该更加强烈地意识到刨冰由于不能加热，是更容易存在食品安全隐患的食品。餐饮行业中无论是大型连锁企业还是个体经营者，都应保持警惕，作为经营者必须更多地考虑顾客使用的方法等。季节性产品和爆品可以吸引客人。实际上刨冰更重要的是知道“不能做什么”。我们每一位营业员都深刻意识到这一点，认真思考并实践食品安全，我坚信这是刨冰未来发展中最重要的事情。

SHOP DATA

“埜庵”

NOAN

地址: 神奈川县藤沢市鹄沼海岸3-5-11

TEL: 0466（33）2500

营业时间: 11:00～18:00（LO.17:00、售完为止）

休息日: 星期一、星期二（10月至第二年3月不定期休息）

目录

在阅读本书之前

○本书主要从两个方面来介绍刨冰文化，一是介绍了日本人气刨冰店的食谱以及各式各样的菜单，二是对冰与糖浆的知识进行深入解读。

○本书中的资料内容收集时间截止到 2019 年 3 月。店家的最新信息、供应时间、材料以及制作方法、外观设计等可能随着市场变化而发生变动。

○第 2 章、第 3 章中的制作方法以及所使用的材料全部来自各刨冰店。在分量上请根据自己的喜好随意增减。另外，以及各店所使用的设备与机器的不同，火候大小以及烹调时间都会有所不同，数据仅做参考，请大家酌情各自情况和喜好自行选择和调整。

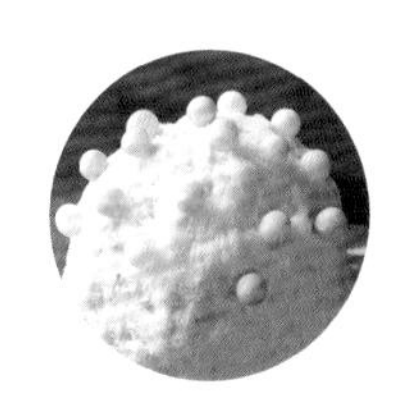

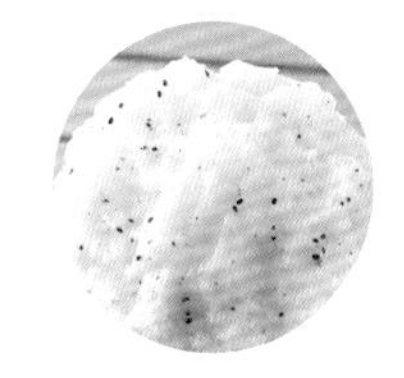

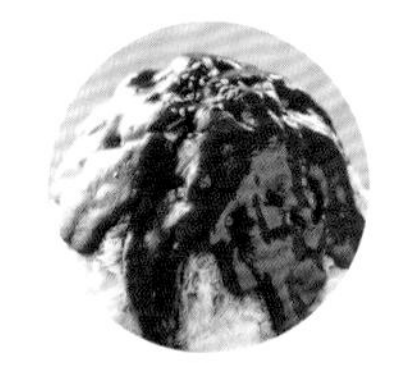

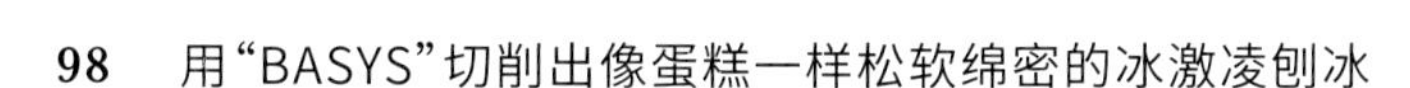

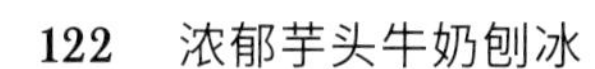

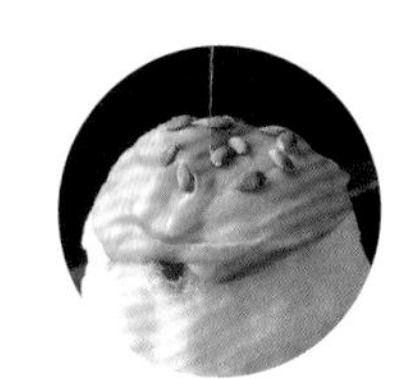
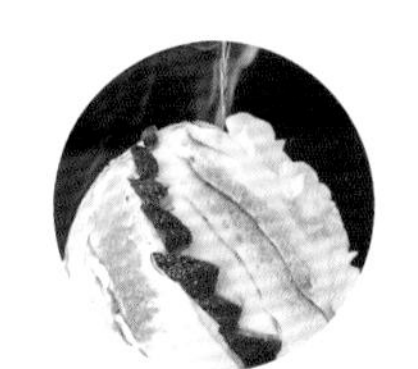

第1章

关于日式刨冰的“冰”

监修 “埜庵”店主
刨冰文化史研究家
石附浩太郎
ISHIDUKI KOTARO

组织 山本步美

冰凉美味的冰的诞生

现在的生活中，制冰是很简单的事。而大约从 150 年前的明治时期起，日本的百姓就可以随时随地地使用冰块制作冰凉美味的食物。冰块不仅可以制作刨冰，食材的保冷储存也是必不可少的。天然制冰与机器制冰技术给人们的饮食生活带来了巨大的变化。

夏天的冰是非常珍贵的物品，早在公元前 1000 多年，中国人和印度人就开始进行冰窖收藏和利用冰雪。另外，在古罗马时代的亚历山大大帝（公元前 356 ～前 323 年）也曾经挖掘洞窟，专门收藏为战事制作的冰和雪。

专门储存冰块的“冰窖”在古代的日本就已经有了，在清少纳言《枕草子》（公元 1000 年左右完成）的第 42 段中曾记载，在切好的冰片上浇上糖浆来调味的刨冰，被装进了金属容器中。从那以后，像德川将军家这种少数权贵和富豪阶级以及常年积雪的山村里人才能享受到吃冰的待遇。在江户时代冰块仍然是奢侈品。

经过了很长一段时间，日本打开国门，西方文明不断进入并落地生根，普通百姓也可以在夏季品尝到冰凉美味。另外，在横滨、神户、东京形成了外国人居留地，日本人之前不熟悉的食品（如牛肉、牛奶等）在日本国内也开始自由买卖。保存这些食品需要大量冰块，但是当时的日本还没有冰块的商业流通。

明治时代以后的冰块历史中，最不可或缺的人物是中川嘉兵卫。听说横滨开港，从京都赶来的嘉兵卫在横滨开了屠宰场、牛奶店、牛肉店。之后听美国传教士赫本医生说“冰对保存食物很有帮助，而且在医疗中的作用也很大”，于是嘉兵卫决定降低冰的价格，供给百姓使用。

当时，烧伤和热病的治疗都需要冰块，但日本并没有生产冰块和运输的技术，只能从美国波士顿进口高价值天然冰“波斯顿冰”（啤酒箱大小的冰相当于现在的 30 万至 60 万日元），每次进口都需要耗费大概近半年时间。于是 1861 年嘉兵卫在富士山脚下，大约 1650 平方米的

P10～P12 摄影：细岛雅代

日光"三星冰室"采冰池进行采冰工作。每年 1 月进行，从最靠近陆地的区域开始开采，依次向冰池深处前进。用钥匙状的工具把冰块钩到陆地上，然后运送到建成了约 130 年的冰窖保存。

土地上建造了许多小池制作冰，在那之后也前往诹访湖、日光、釜石、青森等地尝试制冰、采冰，但最终都以失败告终。最后远渡北海道，终于在函馆、五棱郭崛采冰成功。明治 3 年（1870 年）成功制造出 600 公顷面积的冰块，第二年在函馆建设能储存面积为 3500 公顷冰块的贮冰库。品质优良，价格低廉的五棱郭"函馆冰"因能媲美波斯顿冰块的品质而出名，逐渐取代了波斯顿冰在市场上的地位。天然冰被认为是战胜外国产品的第一个日本制造的商品。

就这样嘉兵卫的天然冰事业发展得一帆风顺。在日本桥 • 箱崎町建设大型冰窖，这样就可以低价销售冰块，普通百姓之间掀起了夏冰热潮。关东近郊也有进行采冰的从业者（藏元）诞生，开始贩卖冰的地方也增加了。

天然冰受到百姓的喜爱，同时人工制造冰的机械冰也开始流通。明治 16 年（1883 年）由日本人资本成立的第一家制冰公司"东京制冰株式会社"成立。接着中川嘉平卫也着眼于机械制冰，在其去世之年的明治 30 年（1897 年），以其长子佐兵卫为发起人，设立了"机械制冰公司"，2 年后开始销售人工制造的冰。

（左上）一块冰的大小约宽 50 厘米 × 长 70 厘米 × 厚 15 厘米，重量高达 45 千克以上。（左下）一次可以在三个制冰池中切割并采冰 7000 块左右。堆叠起来差不多和冰窖的顶棚一样高，最后再撒上木屑。一般会使用杉木或檀木的木屑，这两种木屑有吸湿和杀菌的作用。为了保护堆在中心的冰，会先配置周围融化的冰。据说直到夏天都能维持冰的状态，这让现代人感到惊讶，也感谢先人的智慧。（右）将冰块搬搬入冰室，将冰交替堆放。

始于明治时代的天然冰的储存设备

从明治时代开始传承下来的天然冰的储存设施在昭和初期（1926 ～ 1989 年）全国就有 100 家左右，但现在只有栃木县日光市的“三星冰室”“松月冰室”“四代目冰屋德次郎（吉新冰室）”“埼玉县皆野町的（阿左美冷藏）”和长野县轻井泽町的“渡边商会”5 家，以及在平成时代才新创立的山梨县北杜市的“臧元八义”、山梨县山中湖町的“臧元不二”一共 7 家。每年的天然冰由于天气和环境等因素的影响，每年的总产量并不固定。环境是和制冰公司（有计划制造的冰）在生产方面有很大不同的重要因素。

制作天然冰时，首先需要将周围的山峦和森林孕育出的优质水源引入池中，经过长时间冷冻而成的冰，这样制作的冰块虽然需要花费很长时间，但却不那么容易融化。在本章主编石附浩太郎先生经营的“埜庵”就是使用日光市“三星冰室”的天然冰，现在的“三星冰室”由第 5 代的吉原干熊先生担任当代。石附先生每年到了年初的采冰时期都会去日光帮忙采冰、切割。

“三星冰室”开始新一轮的制冰工作是在夏天的刨冰季结束后。向池内注入的水要接受卫生部门的水质检查单位和专业机构的放射性物质检查。因为食用的天然冰是不经过加热处理的食材，所以必须经过高标准的严格检测。检验合格后，在山中 3 个制冰池里注水。池塘的规模合计大约 1000 平方米。每天黎明前进行例行检查与表面的清扫工作都是必不可少的，静静地守护池水凝结成冰块。

采冰天气晴好，气温下降到零下 4℃的日子持续 2 周时间，冰的厚度达到 15 厘米就可以采集了，但是在冰还没有完全冻好的时候，如果受到降雨和降雪的影响，就会破损，需要从头开始工作。采冰作业中三个制冰池一次可以切割并采收 7000 块左右的冰。专业制冰人分工合作将冰块运输并搬运至冰窖，再撒上具有杀菌作用的木屑，妥善保存到夏天。虽然在严寒中进行的工作是重体力劳动，但是对于石附先生来说，这是一个能够确认当年冰的状态的宝贵机会。

培育食用天然冰类似于种庄稼。培育冰、收集冰，保持良好的状态来保管，这些工作远远超出我们的想象。

石附先生说作为家业代代相传的天然冰，从明治时代到现在，都是作为我们夏天的乐趣而存在，能流传至今也得益于这些专业制冰人的努力和积累的经验。

“埜庵”使用的“三星冰室”生产的天然冰。当天使用的天然冰会事先放置于泡沫箱里保存。冰块的温度为 -6℃。

在 2 楼的座位区上有一台“中部公司”生产的“初雪”牌刨冰机，于昭和 40 年（1965 年）左右生产，作为展示用刨冰机，非常复古和怀旧。

“吃冰 ＝ 喝水”，日本的饮食文化

有了量产的天然冰和人工制冰，即使在夏天，百姓也能尽享冰凉，但是像刨冰那样削冰吃的方式，可以说是一种独特的日本文化。明治时代以后，刨冰层几度引爆流行热潮。

明治初期，夏天也会吃冰，将碎冰放入水中的“冰水”很流行。町田房藏在横滨的马道上开了一家冰水店，这就是刨冰冰激凌店的始祖。

另外，在“横滨开港侧面史”中曾记载中川嘉平卫在同一条马道上也开了冰店，并出售了函馆冰。酷热难耐的夏日能吃到冰，所以价格不菲，但尽管如此从开店第一天开始就要排 2 小时的队才能买到，十分火爆。

到了明治中期，冰的生产方式不局限于天然冰，人工制冰也开始盛行，竞争变得更加激烈。东京的冰店数量也急剧增加，经营刨冰的店也快速增加。由于冰的产量增加，开冰店更容易，而冰的价格也下降了，百姓也能很方便的吃到冰。

介绍明治时代生意往来的《明治商壳往来》一书中的“冰店”一文中写道:“卖得好的是冰水，先在有高脚杯里加入糖水，再在上面倒入冰块，盛得满满的，再插上一支马口铁制成的汤匙……”和现在的刨冰的形式很接近。除此之外，不加糖水而加白糖的“雪之花”，用布包住冰，再用小锤子打碎的“冰霰”，还有“冰橘子”“冰草莓”等加入果汁的东西，以及“糯米丸冰”“红豆冰”“抹茶冰”等种类丰富的冰品。据说烤红薯店也有在夏天转开限季冰店的。

就这样，随着冰块的逐渐普及，人们可以尽享冰凉美味，制冰和低温冷藏的技术丰富了百姓的饮食生活，用途也越来越广泛了。

由于港口附近有很多制冰工厂，甲午战争结束后的冰块产量锐减。为了弥补粮食不足，保存海产等食物，制冰厂也是战后优先复兴的对象之一。

昭和 45 年（1970 年）左右，冰块热潮再次被点燃。在电冰箱普及之前，冰一般是从冰店送来的。但有了冰箱后，冰箱的冷冻室就可以制冰，再加上家用刨冰机、甜瓜、草莓等糖浆也可以买到，每个人都可以在家享受刨冰的乐趣，于是刨冰成为家庭里最喜爱的甜点之一。

第2节 “埜庵”的冰块

现在店里一共有9名员工。长女石附千寻小姐从2019年开始新入社。第一次到店里帮忙是在小学三年级的时候。“小时候，没有暑假的回忆。一直很羡慕其他朋友。但是通过大学四年的打工经验，我觉得埜庵的客户真的很厉害”。

天然冰是大自然力量和制冰人努力的结晶，这是我从事刨冰工作的起点

小田急江之岛线的鵠沼海岸车站附近的刨冰店“埜庵”，开业17年，是一家常年供应刨冰的人气店，堪称刨冰业的鼻祖。

店主石附浩太郎先生是原音箱制造商的营业员，33岁的时候和长女千寻小姐一起去秩父市（东京近郊埼玉县西部）吃了使用天然冰制作的“阿左美冷藏”的刨冰，他被这种将刨冰作为一种正式料理的态度所感动，从那以后，一边继续当着公司职员，一边在“阿左美冷藏”兼职了长达2年多的时间。这段时间，他和主人阿左美哲男先生探讨了天然冰和全球变暖问题以及刨冰的商业可能性，被阿左美先生的人品和对刨冰发展的见解所吸引，这成为他进入刨冰世界的契机。

现在石附先生的刨冰店使用的冰是日光“三星冰室”的天然冰，每年的采冰时期他都会准时去帮助开展采冰工作。在严寒的环境下亲自采冰，如果从阿左美冷藏开始算起已经有近20年的时间。

我经常说“确实采集到天然冰了”，但是采冰工作真的很辛苦，只有天然冰形成的过程我们是不能帮忙的。三星冰室专门批发天然冰的藏元先生并没有经营刨冰店，如果不能好好处理我们采购的冰的话，冰室的经营就会受影响。但是，因为使用了天然冰，所以“埜庵”的刨冰真的是很好吃呢。

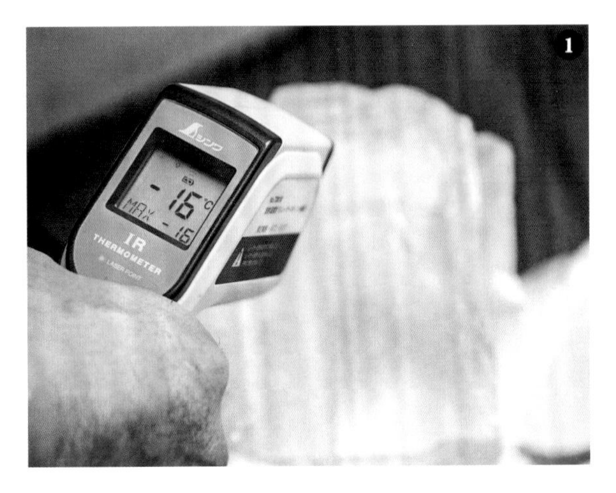

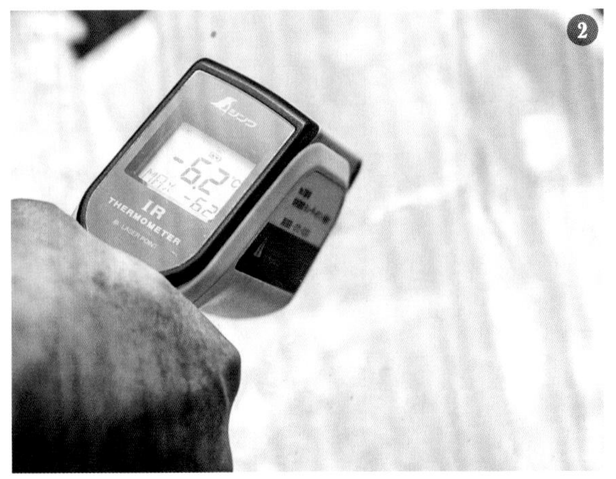

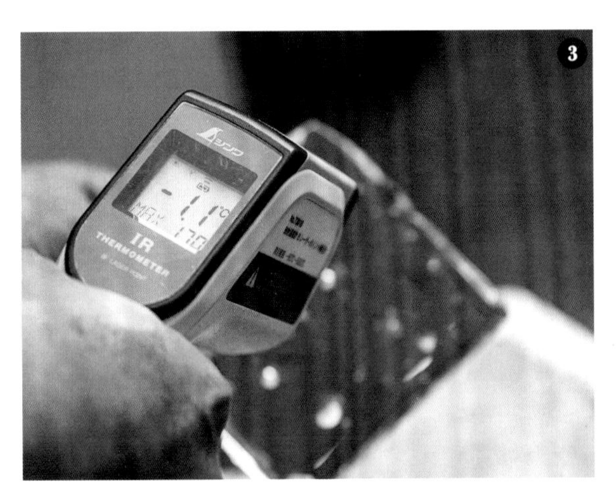

图 1 将第二天使用的天然冰从冷冻库运来，放入泡沫箱中使冰块硬度慢慢降低。零下 16°C的冰块还很硬。图 2 常温下让天然冰的温度上升至零下 2°C。图 3 用完的刨冰变成数厘米薄，温度约为零下 1.1°C。无论哪一种，都需要使用辐射温度计。这种温度计具有激光辐射功能，可以非接触测温。

天然冰需要时间慢慢地结冰，水分子慢慢凝结。比起用冰箱快速冷冻的冰，天然冰更难融化。将天然冰放在 0°C左右的环境中，仍然会呈固态。据说在冰箱里制作的冰更易融化是因为晶体比天然冰小。

考虑到制作刨冰的材料的天然冰相对难处理，“埜庵”的目标是“口感顺滑的刨冰”和“入口即化的冰”。因此，冰块的状态很重要，削之前必须使其变硬。冰块的温度以零下 2°C为目标，从前一天晚上开始把一天使用的冰转移到泡沫箱中，放在常温下使冰块硬度稍微降低。据说冬季比其他季节要花更多时间，要提前工作将冰块置于常温下。

最能区分天然冰刨冰美味与否的其实不是夏天，而是冬天。常听说“冬天吃埜庵的刨冰不会冷到头疼”，是因为冰的温度恢复到了液态的临界点。虽然大家只关注冰的温度，但是重要的是要把握冰块整体的硬度。

石附先生说，只有这一点才是最重要也是最难的。

但并不是把握好冰的温度就能顺利经营，如果不能准确预测第二天客人的数量，剩下的天然冰只能融化了。如果不清楚第二天、本周、本月乃至今年自己店里会有多少客人，就很难使用天然冰制作刨冰。

天然冰并不是一打电话就能立即得到的食材。“埜庵”根据需要，将冷冻车开到日光去采天然冰，一年 15 次搬运 30 吨的量，并在附近租的冷冻仓库保存。以 2 吨天然冰可以供应 5000 份食用来计算，一年可以制作约 8 万份的刨冰。

如果想要一年四季都供应天然冰的话，店家也必须做好心理准备。运输和保管每年需要花费数百万日元的成本。在此之上冰块融化并被冲走的，不仅是“损失”，而且浪费了伙伴的辛苦工作的劳动果实。

石附先生的想法与态度十分严谨。如此美味的“埜庵”的天然冰刨冰，可以说是石附先生这种想法的体现吧。

用右手调整旋钮方向，用左手转动容器均匀地堆冰。兼职人员中最资深的有 7 年打工经验，从大学 1 年级到研究生毕业，是店里主要操作刨冰机的。因为有好的范本，其他工作人员才能在最短的时间内熟练掌握刨冰技术。

（左上图）店里使用一共有 3 台刨冰机，分别是 CHUBUCORPORATION 股份有限公司生产的“初雪”和池永铁工股份有限公司生产的“SWAN”，在百货公司等卖场举办活动时还会让 5 台或 6 台刨冰机全速运转。照片上是“初雪 BASYS 电动冰块切片机 HB-310B”。（右上图、右下图）为了保持刀片的锋利度，必须定期进行保养。根据季节而变化，使用 2 种不同角度的刀片，只在夏季期间一台就需要耗费近 20 枚刀片。

切削冰块前，熟悉刨冰机和刀刃的保养及了解冰的特点

“埜庵”切削美味刨冰的要点不仅是“刀片的角度”和“切削方法”，还有刀片与冰块接触的“强度”。一边观察天然冰的个性，一边调整刀片的强度，控制方向和力度，负责切削冰块的人的直觉和经验是关键。为此，每天机器使用前的事前准备和使用后的打扫和保养是不可缺少的。为了保持刀刃的锋利度，需要定期维护，“埜庵”为了根据状况进行研磨，在两个地方的刀片厂家中分别下单订制。

“埜庵”的刨冰含在嘴里时会弹得很快并迅速融化，这样的刨冰被称为“薄而软绵绵的冰”，但不仅仅是削法，还需要理解冰块的特点，才能制作出美味的刨冰。

把冰块削薄确实会有蓬松感，但是我们店里的刨冰如果只注意切削方法，容器最下面的冰片可能会有咯吱咯吱的口感。天然冰的生命力很强，所以再次将冰片堆叠在一起仍能凝结成固态。如果在上面浇上像我们家的“樱花冰”一样有咸味的糖浆，会因发生融化反应而吸热，这样会使冰块会变得更冷。好不容易把冰的温度提高，小心地切削一下，也会变冷。切削人教会我们分别看待这些技术性的和科学性的东西。重要的不是软绵绵的或咯吱咯吱的口感，而是确实让客人满意的产品。我们指导团队人员务必做到学会切削方法、撒糖浆的方法，以及颜色和形状的设计美。

使用“埜庵”的冰制作日式刨冰

花生刨冰配巧克力酱

花生酱是用千叶县旭市的花生生产的。我与负责人加濑先生是生意上的伙伴，平时我会亲自前往花生田地和工厂，针对花生颗粒与巧克力酱的比例和他再三协商与讨论。这道花生刨冰有落花生的香味，再加上巧克力酱，就可以享受到更加浓厚的甜味。

第2章

日式刨冰的糖浆

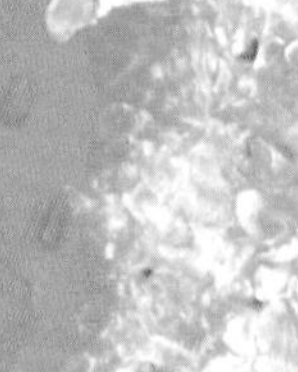

监修 IGCC 代表（ItalianGelato&CaffeConsulting）

根岸 清

KIYOSHI NEGISHI

组织 亀高 齐

打造口味的思考模式

从理论方面思考刨冰的口味

炎热的夏天，沁人心脾的刨冰特别美味又令人舒畅。清凉感能让身体从内部冷却下来，这就是刨冰的最大魅力。同时，近年来冬天的刨冰也很受欢迎。提高冰块和糖浆的品质，高级的冰点也能发挥其无穷魅力。

这里要重点说一下刨冰的糖浆。我想以意式冰激凌为代表的各种各样的冰点和冷饮的商品开发经验为基础，介绍一下刨冰制作方面应关注的点和如何创新求变。

刨冰与其他冰品的不同之处

甜点也好、料理也罢，在考虑味道的时候，理论上的观点也是很重要的。因此，首先从“刨冰和其他冰品的比较”开始，我们来思考刨冰的美味有什么特征，制作刨冰有哪些重点。

■ 沙冰

沙冰的主要材料为水果，占 30% ～ 50%，是一种使用特殊沙冰机制作的冰制点心。好吃的沙冰必须具备的条件是：光滑的质感、良好的口融性，以及能突出新鲜水果等食材的风味。

要制作状态良好的完美果汁沙冰，“水分和固体成分的平衡”非常重要，固体成分大部分是糖分。

糖分比例变化，不仅是甜味，冰点温度和冰晶颗粒的大小也会发生变化，为了制作出光滑且易入口的沙冰，糖的量必须在正常的范围内。糖的占比对完成后的质感有很大影响，如冰激凌中的糖分用量占全部材料的25% ～ 32%。

■ 冻饮

一般也被叫作“Granita（意式冰沙）”或“Slush（冰沙）”，在冰上加上风味糖浆和水果等，一起用搅拌机打碎成细碎的雪泥状的饮料，用吸管吸食。和刨冰的松散状态有点相似。

糖分 13% ～ 18%，比沙冰甜度低一些。冷冻饮料如用奶昔和蛋清等制作，糖的量会影响完成后的质感，所以糖真的特别重要。还要注意冷冻食材和其他食材之间的平衡比例。

美味的刨冰

最开始是感觉糖浆很甘甜

冰融化后甜度迅速变淡，
味道很清爽

余味清爽了，
有清凉感的美味是刨冰的
独特魅力

一般来说，刨冰是将冰削薄，然后浇上糖浆。与一开始就把所有材料混合冷冻的沙冰相比，制作方法的工序有很大的不同。

与此同时，刨冰也有其特有的口味特点。吃刨冰时，首先会品尝到糖浆的甘甜味。接下来冰融化后甜味会变得很淡，加入了清爽的味道。即使一开始只感受到甜味，冰融化后味道也会变得甜美清凉，这就是美味的刨冰最吸引人的地方。

试着将“甜味”数值化

在刨冰制作方面，要把刨冰的美味特点定为多少“甜味度”，这是非常重要的。用“糖分量”这个数值来把握刨冰的甜味，是最有效的方法。

刨冰的制作方法和沙冰不同，糖分的比例不会影响成品的质感。但因为甜味是刨冰非常重要的要素，所以将糖分量数值化是很有意义的。通过将糖分数值化，可以不依赖直觉和经验，也可以制作出更精确的食谱。

把冰和糖浆均匀地混合在一起搅拌，还是轻轻混在一起搅拌是不一样的，食用的过程中冰融化，味道也会变化。冰的切削方法不同，糖浆甜味的感觉也不同。考虑到这些因素，我们就能根据糖分量的数值这一标准来讨论如何调整刨冰的甜味了。

糖分比例的标准

那么，就为大家具体说明一下具体糖分量的数值化吧。

首先，刨冰的糖分主要是糖浆中使用的糖类。其次，如果是自制的水果糖浆的话，包含水果本身的糖分，计算一下每一人份含有多少糖分，这就是将糖分量数值化。

这个数值根据预期的甜度而变化，但是刨冰中适当的糖分比例，相对于冰（水）和糖浆的总量，占13%～20%。我建议的刨冰食谱中糖分约为18%（1人份 · 约90克糖 / 冰和糖浆的总重量为510克）。

制作糖浆所需糖分量的计算公式举例

例：与100克冰块相比，使用70%的糖浆。
把刨冰整体的糖分量控制在18%的情况下

冰块100克 x 糖浆比例70%= 糖浆量70克
冰块100克 + 糖浆量70克 = 成品量170克
成品量170克 x 设定的糖分量18%= 刨冰整体所需的糖分量30.6克

糖浆所需的糖分量是:
刨冰整体所需的糖分量30.6克 ÷ 糖浆的量70克 =43%

糖浆所需的糖分量是43%
（即每100克糖浆需要43克的糖分）

糖浆使用量的标准

使用的糖浆的量，首先要看是常温的还是冷藏的，冰的融化进程会发生变化。如果是常温的，融化冰的速度会变快，所以使用的糖浆量会变少。

如果是冷藏使用，以100克冰块对应50%～70%的糖浆使用量为基准。在之后介绍的食谱中，300克的冰块糖浆是210克（也包含不浇在搅拌机上的固体的水果），即将糖浆的使用量设定为70%。

设定好糖分的比例和糖浆的使用量，就可以计算糖浆所需的糖分量。上面介绍的是计算示例。以计算出的糖浆所需的糖分量为基础，在制作自制水果糖浆时的水果种类和砂糖的配合量的计算比例为例，请参照P23的介绍。

刨冰的重要材料——砂糖

刨冰的美味很大程度上是因为甘甜味，而甘甜味大部分来自砂糖。刨冰中砂糖可以说是非常重要的食材。虽然统称为砂糖，但种类繁多，所以先介绍一下砂糖的基本知识。

现在我们可以轻松得到各种各样的糖类。那么，要说每种糖的区别，那就是感受到的甜味的强度和持续感的不同。根据这一点，我们试着比较一下各种糖。

我们平常使用的细砂糖和白砂糖是由甘蔗和甜菜制成的。其他的碳水化合物（淀粉）在酸或酶的作用下被分解为葡萄糖、果糖、水饴、海藻糖等各种各样的糖。

植物生长从根部吸收水分和养分，树叶中的叶绿体吸收二氧化碳和太阳光进行光合作用，生成糖类。

把这种糖作为养分大量储存在茎里的植物是甘蔗，大量储存在根里的则是甜菜。枫树类则是在树干上积蓄糖分，这种糖是蔗糖。

将这些植物进行初加工，得到的成品就是富含矿物质的红糖；再去除杂质等就成为细砂糖。细砂糖在全世界范围内广泛使用，是糖类甜味强度和持久度的衡量基准。除此之外，还有从柿子树中提取的糖浆和由竹精制成的和三盆糖，和三盆糖作为优质的糖在日本非常有名。

虽然有各种各样的糖类，但刨冰中使用的砂糖基本上都是细砂糖。我觉得纯度高、甜味品质好的细砂糖是非常适合用于制作刨冰的糖浆的，而且有提升的空间，把红糖混合进去，使其风味发生变化，更进一步的是即使价格贵也要用和三盆糖来追求更优质、更多层次的味道。

自制水果糖浆的魅力与注意事项

所谓“过去的刨冰”中所使用的带有透明感颜色的糖浆，大部分不含果汁，是用水、砂糖、柠檬酸、香料、色素等制成的糖浆。但是，现在人们更倾向于使用全果汁制成的糖浆，刨冰的品质也随之提高了。因此，现在能够表现出更正宗的美味的是自制的手工水果糖浆。

自制的水果糖浆的最大魅力在于充分发挥了水果本身的美味，那种自然醇厚的美味很吸引人。

新采摘的水果还是直接食用更新鲜，但是有时也会先将水果用小火炖煮。例如，蓝莓加入柠檬汁稍微加热，就会有非常鲜艳的颜色。

水果糖浆中加入了柠檬汁就有了柠檬汁的酸味，吃的时候口感更丰富。

把切好的水果放在刨冰上，会提升高级感。使用应季的食材也能传达出季节的感觉，使用当地特产的水果，也会变得很有地方特色。可以说自制的水果糖浆在提高刨冰的商品价值上隐藏着无限可能。

关于持久性的问题

在处理自制的水果糖浆时要注意水果的保存时间。因为制作糖浆的时候会加入糖类，所以不容易变质，但是如果不在当天或者最晚第二天用完，就不新鲜了，这一点要特别注意。因此冷冻保存也是一种方法，但是冷冻会破坏水果的新鲜度，影响口感。

为了追求新鲜感每次都精心制作糖浆，还是为了追求效率而使用冷冻的呢？考虑本店的厨房刨冰能力允许有多少种自制水果糖浆？在这一点上，经过仔细研究后发现，自家制作的、一次使用的水果糖浆是很重要的。

水果的成熟度也很重要

水果的成熟程度不同，糖浆的味道也不同。水果除了直接“生”用，还可以冷冻和磨成泥。现在冷冻和果泥的品质也在不断提高，可以根据不同情况进行活用。

下面为大家介绍以自制水果糖浆所需的糖分量为基础（参照 P21），计算自制全糖浆时的全糖类和砂糖的配比的方法。根据具体数值就可以计算在制作糖浆时所使用的水果和砂糖的使用量。

如右表所示，每一次的水果糖度（糖分）都是不同的。在实际应用中，除了糖度很高的香蕉等，用 10% 来计算水果的糖分即可。

使用新鲜的水果制作糖浆时，如果水果的纤维等没有彻底处理干净，会被客人误认为是“刨冰里有异物”，所以这一点要特别注意。搅拌机搅打坚硬的菠萝等水果时要将搅拌机设定为高速，这样才能把水果纤维彻底打碎。另外，猕猴桃有如上图中的硬心，建议先挖掉再搅拌。

水果的糖度（糖分）示例表

※ 以下数值是参考标准之一，不一定完全符合所有水果。

名称	糖度 /%
草莓	8 ～ 9
柠檬	8 ～ 9
西瓜	9 ～ 12
葡萄柚	10 ～ 11
夏橙	10 ～ 12
蓝莓	11 ～ 13
温州蜜柑	11 ～ 14
菠萝	13
哈密瓜	11 ～ 14
猕猴桃	13 ～ 16
苹果	14
芒果	17
香蕉	22

自制水果糖浆的水果和细砂糖的使用量计算

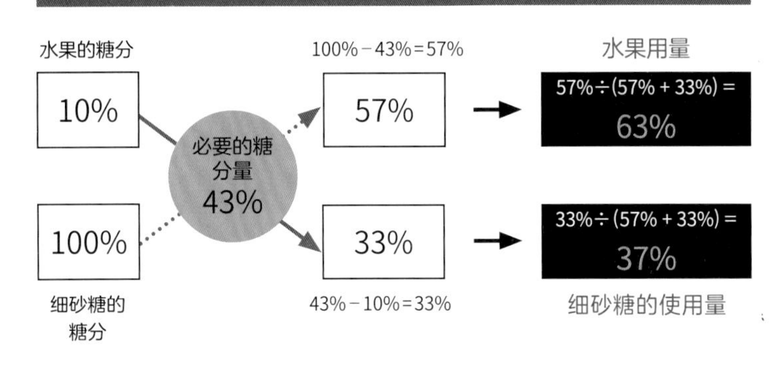

组合水果糖浆使用量的计算

※ 因为水果煮过后会失水，糖度会提高 5% 左右（不加水的情况下），所以要降低 5% 来计算使用量。

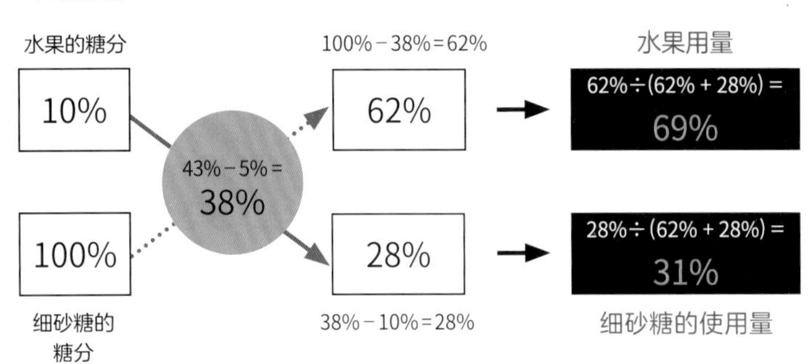

第 2 节　求新求变的创意方法，提高价值

酸奶糖浆+水果的新创意

随着刨冰制作技术的发展，刨冰的种类正在增加。在刨冰的求新求变中，有各种各样的想法和创意，这里介绍使用了“酸奶糖浆”的刨冰。

为什么是酸奶呢？最主要的原因是酸奶和水果非常好的搭配。酸奶糖浆和水果糖浆共同使用，能更好地衬托出水果的美味，酸奶的酸味也能提升刨冰的清凉口感。同时，酸奶有益健康，也能提高刨冰的商品价值。

使用店里已经有的水果糖浆，既可以物尽其用，又能开发有酸奶口味的新产品。水果糖浆和酸奶糖浆堪称绝配。将切好的水果切片放入刨冰成品中，视觉和味觉都是一种享受。另外，水果糖浆的食谱是以 P21 和 P23 中介绍的计算方法和数值为基础，决定水果和细砂糖的使用量。

另外，还有“酸奶油酱”，它充分利用了酸奶油的酸味，加上新鲜奶油，摇身一变成为温润爽口的淋酱口感。无论是酸奶糖浆还是酸奶油酱，都是一种创新，把握好食材的量与配比，就可以做出自己喜欢的味道。

制作酸奶糖浆的酸奶，在市场上购买即可。酸奶的健康功效也可以作为一个卖点。

酸奶糖浆＋水果糖浆的创意刨冰制作步骤如下：切削好的冰盛装在容器里→淋上一半分量的酸奶糖浆和水果糖浆（图 1、图 2）→把冰削薄，再淋上剩下的酸奶糖浆和水果糖浆，使其看起来完整（图 3～图 5）→完成后，再撒上一些酸奶油酱（图 6）。

酸奶莓果混合刨冰

清爽的酸奶味和新鲜的水果非常相配，其中以草莓为首的莓果类是最适合与刨冰搭配的。草莓是可以直接吃的，但是蓝莓等水果煮过后颜色会变得更加鲜艳，所以可以在加热之后当作糖浆。

材料

冰…300 克
※ 酸奶糖浆…150 克（糖分约 43%）
※ 混合莓果糖浆…60 克（糖分约 43%）
（以上合计糖分约 18%）
※ 酸奶油酱…20 克
※ 食谱请参照 P26

制作方法

❶ 把一半冰块（150 克）切削好盛到容器里。
❷ 把一半分量的酸奶糖浆（75 克）撒到冰上。
❸ 再撒上一半分量的混合莓果糖浆（30 克）。
❹ 将另外一半切削好的冰（150 克）也倒入容器中。
❺ 撒上剩余的酸奶糖浆（75 克）。
❻ 撒上剩余的混合莓果糖浆（30 克）。
❼ 撒上酸奶油酱即成。

※ 酸奶糖浆

材料

市售酸奶…112 克
细砂糖…62 克
合计 174 克（糖分 43%）

制作方法

将所有材料放入搅拌机中混合搅拌均匀。

※ 酸奶糖浆参考食谱

材料

凝固型酸奶（糖分 75%）…100 克
脱脂牛奶…100 克
原味酸奶（脱脂）…45 克
细砂糖…55 克
合计 300 克（糖分 43%）

制作方法

将所有材料放入搅拌机中混合搅拌均匀。

这里使用的是粉末状“霜冻酸奶”，加量即可增加巧克力的浓郁风味。可根据个人喜好调整。

※ 混合莓果糖浆

材料

草莓…100 克
覆盆子…80 克
蓝莓…80 克
橙汁…45 克
柠檬汁…10 克
细砂糖…185 克
合计 500 克（糖分约 43%）

制作方法

❶将一半覆盆子和蓝莓（各 40 克）和橙汁、柠檬汁、细砂糖混合，用搅拌机搅拌成泥状（图 1、图 2）。倒入锅里煮，加热沸腾后调小火煮 2～3 分钟，关火冷却备用。

❷将草莓切 4 份或 8 份，再将剩下的覆盆子和草莓一起倒入冷却后的果汁泥❶中混合搅拌均匀（图 3、图 4）。

※ 酸奶油酱

材料

酸奶油…100 克
鲜奶油…100 克
细砂糖…20 克
合计 220 克

制作方法

先把酸奶油和细砂糖混合在一起充分搅拌，然后加入鲜奶油打至六分发（图 5、图 6）。

酸奶三果黄绿配

在意大利最受欢迎的水果组合“三果”（猕猴桃、香蕉、菠萝）。
我们将三果制作成刨冰用糖浆。
绿色的猕猴桃搭配黄色的菠萝和香蕉，看起来多么赏心悦目啊。

材料

材料	
冰…300 克	糖分约 18%
酸奶糖浆…150 克（糖分约 43%）	
※ 三果糖浆…60 克（糖分约 43%）	
酸奶油酱…20 克	

制作方法

和 P25 的“酸奶莓果混合刨冰”的做法一样，把切削好的冰和两种糖浆交替装盘，最后再撒上酸奶油酱。

※ 三果糖浆

材料

猕猴桃…100 克
菠萝…100 克
香蕉…90 克
橙汁…35 克
柠檬汁…10 克
细砂糖…165 克
合计 500 克（糖分约 43%）

※ 香蕉等水果糖度非常高，建议减少细砂糖的使用量。

制作方法

❶把菠萝的一半分量（50 克）放在搅拌机中。用高速档切断菠萝的纤维。
❷把一半猕猴桃（50 克）、橙汁、柠檬汁、细砂糖加入❶中，再放入搅拌机中一起搅拌（图 1、图 2）。这次搅拌机要间断运行，注意不要把猕猴桃籽打碎。搅拌后倒入碗中。
❸香蕉切片，把剩余的菠萝和猕猴桃切成适当大小，再轻轻地和❷搅拌在一起（图 3、图 4）。

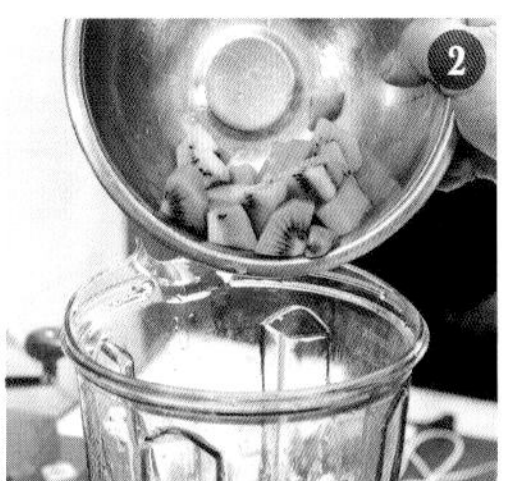

使用酸奶糖浆的刨冰食谱

橙子＆葡萄柚酸奶刨冰

橙子和葡萄柚的清爽酸味与些许苦味搭配酸奶制作成糖浆非常适合。

材料

- 冰…300克
- 酸奶糖浆…150克（糖分约43%）
- ※橙子＆葡萄柚糖浆…60克（糖分约43%）
- 酸奶油酱…20克

（冰、酸奶糖浆、橙子＆葡萄柚糖浆：糖分约18%）

制作方法

和P25的酸奶莓果混合刨冰的做法一样，把碎冰和两种糖浆交替装盘，最后再撒上酸奶油酱。

※橙子＆葡萄柚糖浆

材料

- 橙子果肉…120克
- 橙子…55克
- 红心葡萄柚果肉…130克
- 柠檬汁…10克
- 细砂糖…185克
- 合计500克（糖分约43%）

制作方法

❶把橙汁、柠檬汁和细砂糖充分混合搅拌均匀。

❷将橙子果肉和葡萄柚果肉切成适当大小放入❶里搅拌均匀。

金橘酸奶刨冰

金橘是在宫崎和鹿儿岛产的，花点功夫做成金橘糖浆，

就能做出富有日式水果魅力的刨冰。

材料

- 冰…300克
- 酸奶糖浆…150克（糖分约43%）
- ※金橘糖浆…60克（糖分约43%）
- 酸奶油酱…20克

（冰、酸奶糖浆、金橘糖浆：糖分约18%）

制作方法

和P25的酸奶莓果混合刨冰的做法一样，碎冰和两种糖浆交替装盘，最后再撒上酸奶油酱。

※金橘糖浆

材料

- 金橘…310克
- 柠檬汁…30克
- 细砂糖…160克
- 水…200克（熬煮至蒸发）
- 成品500克（糖分约43%）

※金橘的糖度很高（约17%），建议建少细砂糖的使用量。

制作方法

❶金橘连皮一起使用。清洗干净后切成两半，去籽备用（图1）。

❷将❶的金橘和水放入锅里，煮到皮软（图2）。注意撇去浮沫。

❸将细砂糖倒入煮软的❷中（图3），再加入柠檬汁，同样需要撇去浮沫（图4），继续熬煮至有光泽。

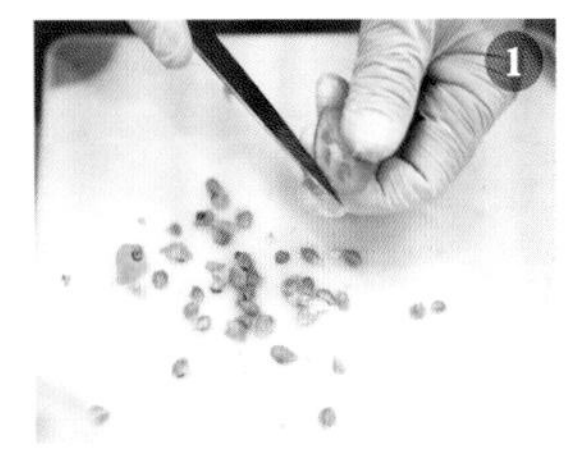

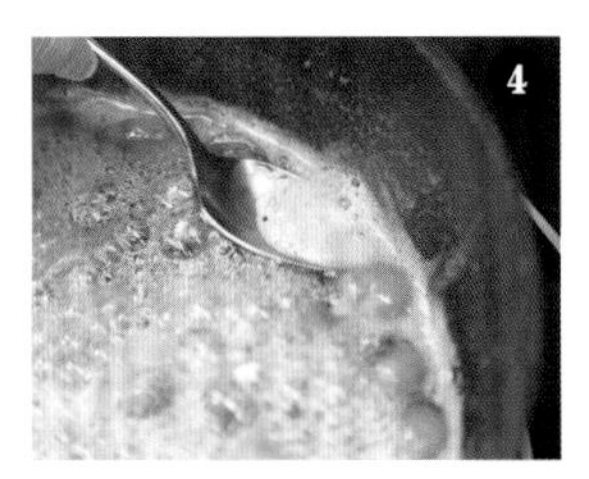

PROFILE

根岸 清

KIYOSHI NEGISHI

在日本普及原产地正统Gelato与Espresso的先驱、首席专家，现在也举办了很多场讲座。1952年出生于东京，驹泽大学毕业后进入FMI公司就职。曾担任日本咖啡师协会（JBA）理事、认定委员，日本精品咖啡协会（SCAL）咖啡师委员，并长年担任日本Gelato协会（AGG）委员及指导师。2015年6月创立IGCC公司（Italian Gelato & Caffe Consulting）。

第3章

人气店铺的日式刨冰食谱

※各店详细店铺资料请参照P96

Adito

甘酒牛奶刨冰

甘酒一直以来都是健康的食材，也是男女老少喜欢并熟悉的味道，
是非常经典的招牌产品。使用具有适当黏稠度的甘酒和用零陵香豆提味，与散发香味的
炼乳形成口感的对比。不使用过大的食材和过于浓郁的糖浆，
很适合作为饭后的美味刨冰甜点。

零陵香豆炼乳糖浆的制作方法

锅里放入牛奶、炼乳、盐。放盐可以让口感细腻紧实。因为炼乳本身有甜味，所以不需要另外加糖。

再加上 1 个零陵香豆。零陵香豆类似杏子和杏仁，具有提味和增加香气的效果。

放在中火上加热，一边搅拌一边煮，注意不要熬焦。等黏稠后关火，放凉后取出零陵香豆。

蜂蜜生姜糖浆的制作方法

将带皮生姜洗净后切成薄片，与蜂蜜一起放入锅中，加热煮至生姜片变透明，然后用干净的纱布过滤。

药膳生姜果酱的制作方法

将生姜带皮洗净，用搅拌机搅碎，与其他食材一起放入锅中加热至水分蒸发。

盛盘

在容器的底部铺上一层药膳生姜果酱。

盛装切削好的冰片。从上面把冰削得满满的。想象一下细雪的样子，轻轻地刨出软绵绵的冰。

冰上依次加上零陵香豆炼乳糖浆和蜂蜜生姜糖浆。

再次盛装上满满的冰，撒上炼乳糖浆后再盛装上冰。

依次撒上炼乳糖浆和蜂蜜生姜糖浆。

最后撒上浓缩甘酒和米香。上桌时另外搭配上一些浓缩甘酒和炼乳糖浆。

材料

●零陵香豆炼乳糖浆

- 炼乳…1000 毫升
- 牛奶…1000 毫升
- 盐…少许
- 零陵香豆…1 个

●蜂蜜姜糖浆

- 生姜…600 克
- 蜂蜜（洋槐蜜）…适量

●药膳生姜果酱

- 生姜…600 克
- 细砂糖…适量
- 红糖…适量
- 蜂蜜…适量
- 辛香料（肉桂、豆蔻、肉豆蔻、辣椒粉等）…适量
- 枸杞子…适量

- 冰…适量
- 浓缩甘酒…适量
- 米香…适量

刨冰机

池永铁工生产的“SWINcygne”。想拥有造型时尚且又能切出松软冰片的刨冰机，这台是不错的选择。

甘蜜安纳红薯刨冰

充满浓厚的奶油香气，口感温润的甘蜜安纳红薯刨冰是秋冬限定冰品。
使用香浓滑顺且甜度非常高的甘蜜安纳红薯制作成糖浆，充分利用红薯的香气。
以制作拔丝红薯的想法，搭配日式酱油糯子（御手洗团子）淋酱风的焦糖糖浆和黑芝麻。

甘蜜安纳红薯泥糖浆的制作方法

将红薯煮软后剥皮，和牛奶一起放在食物料理机搅拌成泥至变得光滑。

依次加入炼乳、蔗糖、盐，倒入食物料理机里充分搅拌均匀至顺滑且没有结块。

将拌好的材料放到锅里，一边搅拌一边加热熬煮成黏稠的泥状。冷却后水分会蒸发，重点是要做成柔软的泥状糖浆。制作时根据红薯的含水量，用水和牛奶来调节浓度。

盛盘

在容器里盛装上和容器一样高的冰，淋上零陵香豆炼乳糖浆。

在冰的中间淋上黏稠的红薯泥糖浆。

把咸羊羹切成小方块撒在冰片上，有助于提味与丰富口感。

再铺一些冰，撒上炼乳糖浆。重复两次这道程序。

在冰上浇淋黏稠的红薯泥糖浆。

最后整体淋上焦糖糖浆，并于最顶端撒上芝麻盐。上桌时另外附上一些红薯泥糖浆和零陵香豆炼乳糖浆。

材料

●甘蜜安纳红薯泥糖浆

- 甘蜜安纳红薯…300 克
- 牛奶…200 克
- 炼乳…60 克
- 蔗糖…45 克
- 盐…适量
- 水…100 克

●焦糖糖浆

- 细砂糖…270 克
- 水…3 大匙
- 无盐黄油…150 克
- 35% 鲜奶油…300 毫升
- 酱油…1 大匙
- 香草精…适量
- 冰…适量
- 零陵香豆炼乳糖浆（制作方法请参照 P31）…适量
- 咸羊羹…适量
- 芝麻盐…适量

焦糖糖浆的制作方法

锅里加入一些细砂糖和水，加热熬煮成焦糖色，加入黄油和鲜奶油煮到黏稠为止。关火后加入酱油和香草精混合拌匀。

茨城玫瑰之吻草莓刨冰

采用茨城县的草莓品种“茨城之吻”，这是一款追求新鲜草莓味的刨冰。
以新鲜草莓泥糖浆为主，
搭配果酱糖浆和新鲜水果。冬季限定商品。

新鲜草莓泥糖浆的制作方法

把草莓和细砂糖放入搅拌盆中静置一段时间，让草莓出水。上图为静置 2 天左右的状态。为了充分利用草莓的甜味，这里使用了较为甘甜的细砂糖。

把做法❶连同水一起倒入搅拌机中搅拌，直到固体成分消失为止。

搅拌完成后，倒回搅拌盆中，加入玉米糖浆轻轻搅拌至呈微微黏稠的糊状。不经加热的方法更能保留草莓原有的风味与色泽。

盛盘

容器里盛装如小山一样造型的冰，整体淋上零陵香豆炼乳糖浆，并撒上一些新鲜的草莓丁。

在草莓上浇上炼乳鲜奶油。把草莓夹在冰间能丰富口感，吃起来也不会那么腻。

继续放冰，淋上炼乳糖浆。

继续堆叠碎冰，从顶端淋上大量的新鲜草莓泥糖浆。

撒上草莓果酱糖浆，加上果酱糖浆来补充甜味。

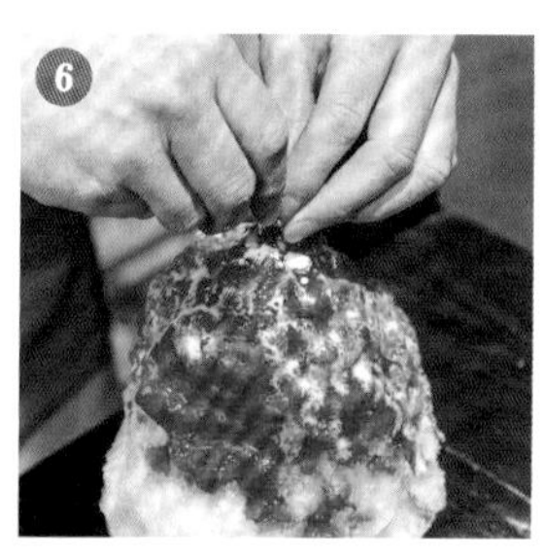

最后再淋一次炼乳糖浆，撒上碎的蛋白霜糖。上桌时另外附上一小碟零陵香豆炼乳糖浆。

材料

●新鲜草莓泥糖浆

- 草莓（茨城玫瑰吻品种）…500 克
- 细砂糖…100 克
- 玉米糖浆（增稠剂）…适量

●草莓果酱糖浆

- 草莓（茨城玫瑰之吻品种）…500 克
- 细砂糖…100 克
- 白葡萄酒醋…适量

●炼乳鲜奶油

- 35% 鲜奶油…50 克
- 炼乳…40 克

●蛋白霜糖

- 蛋白…2 个蛋的分量
- 盐…1 小撮
- 细砂糖…120 克
- 柠檬汁…1/2 小匙
- 玉米淀粉…1 小匙
- 杏仁粉…12 克
- 杏仁香精…5 小滴
- 冰…适量
- 零陵香豆炼乳糖浆（制作方法请参照 P31）
- 草莓（茨城玫瑰之吻品种）…适量

草莓果酱糖浆的制作方法

在锅里放入草莓和细砂糖静置出水，然后加热，放入白葡萄酒醋一起加热熬煮。

炼乳鲜奶油的制作方法

将鲜奶油打至六分发，然后加入炼乳拌匀后再打至八分发。

蛋白霜糖的制作方法

在碗里加入蛋白和盐，再加入柠檬汁和砂糖，打发至起泡，做成坚硬的蛋白酥皮。加入筛好的玉米淀粉和杏仁霜混合拌匀，再加上几滴杏仁香精。在烤盘上薄薄地铺开，用烤箱 100℃烤制 1～2 小时。

成人限定柠檬刨冰

以鸡尾酒“薄荷朱利普”为灵感，以紫苏代替薄荷，瞬间由欧美风格转换成日式风格。

使用含酒精的食材，制作出清爽又带有酸甜味的刨冰。

为了针对怕酸的人，特地在刨冰里添加炼乳与鲜奶油的甜味。夏夜限定商品。

柠檬酱的制作方法

在锅里放入细砂糖、新鲜柠檬汁和浓缩柠檬汁。

加一杯红糖和炼乳，熬出浓郁的甘甜味。

中火加热，一边搅拌砂糖一边煮至溶解。关火冷却后加入切碎的柠檬皮搅拌均匀。

盛盘

在器皿里盛装碎冰，撒上零陵香豆炼乳糖浆，并在中央浇上柠檬奶油。

再次堆叠满碎冰，浇满炼乳糖浆。

再撒上紫苏糖浆，配上酸甜的味道和鲜艳的红色，色香味俱全。

继续堆冰至像一座小山，从顶端浇上柠檬糖浆。

柠檬糖浆中有浓缩柠檬汁，充满柠檬香气的炼乳还增加了牛奶的味道。

最后再撒上珍珠糖和紫苏花穗作装饰。上桌时另外添上柠檬红紫苏糖浆和零陵香豆炼乳糖浆。

材料

●柠檬酱

- 柠檬汁…100克
- 浓缩柠檬汁…50克
- 细砂糖…300克
- 红糖…20克
- 炼乳…50克
- 柠檬皮…适量

●柠檬奶油

- 35%鲜奶油…50克
- 细砂糖…40克
- 百加得朗姆酒…15克
- 浓缩柠檬汁…20克

●红紫苏糖浆

- 红紫苏…适量
- 水…适量
- 细砂糖…适量
- 苹果醋…适量

●柠檬糖浆

- 柠檬汁…100克
- 细砂糖…150克
- 柠檬浓缩汁…2克
- 水…50克
- 百加得朗姆酒…40克
- 青紫苏…2片
- 冰…适量
- 紫苏花穗、珍珠糖…各适量
- 零陵香豆炼乳糖浆（制作方式请参照P31）…适量
- 柠檬红紫苏糖浆…适量

柠檬奶油的制作方法

鲜奶油里加入细砂糖，放入搅拌盆中打至六分发，再加入朗姆酒和浓缩柠檬汁，使奶油更松散，搅拌至缓慢流动状。

红紫苏糖浆的制作方法

锅里加水煮沸，加入洗好的红紫苏煮开，煮到出味后用筛子过滤。将过滤好的红色紫苏汁和细砂糖放入砂锅里熬煮，加入苹果醋混合拌匀。

柠檬糖浆的制作方法

锅里放入柠檬汁、细砂糖、浓缩柠檬汁和水加热至细砂糖溶解，稍微放凉后加入朗姆酒和青紫苏，静置到完全冷却。

店铺 02

Café Lumière

白巧克力和覆盆子火焰刨冰

受到广泛欢迎的招牌冰品“燃烧的火焰刨冰”，使用了硬度和气泡稳定的意式蛋白霜，这样才能让碎冰即使在火焰燃烧下也不会轻易融化。训练自不必说，所有作业一律从接到客人点餐后才开始进行，虽然需要花费时间和精力，但却是独一无二的原创品项。

意式蛋白霜的制作方法

将适量的水和砂糖放入锅里，熬煮至 118°C，注意不要烧焦。在搅拌机里加入蛋白和剩下的砂糖打至六分发，从锅边慢慢倒入刚才熬煮至 118°C的糖浆中。

搅拌到糖浆冷却（比起普通的蛋白霜，气泡更细，更有光泽，硬度也更稳定）。

覆盆子酱的制作方法

将覆盆子和自制草莓糖浆放入容器中，用手持式搅拌棒拌匀。为了口感更好，完成后要过筛。

材料

●意式蛋白霜

糖浆…25 克
（细砂糖 130 克 + 水 50 克）

蛋白…165 克

●覆盆子酱

覆盆子（冷冻）…80 克

自制草莓糖浆…100 克

冰…适量

自制炼乳…60 克

沙菠萝（酥糖粒）…适量

焦糖酱…10 克

香缇鲜奶油…30 克

卡仕达糖浆…15 克

蓝莓…7 ～ 8 个

白巧克力慕斯…20 克

白巧克力酱…15 克

草莓…1 个

奶油糖霜（事先用花嘴挤出并冷冻）…适量

朗姆酒…10 毫升

盛盘

在深器皿里盛装如小山高的碎冰，用手环绕捏紧使冰稳固不易塌陷。撒上大量自制炼乳和覆盆子酱。

撒上沙菠萝，淋上作为隐藏美味的焦糖酱。接着浇淋香缇鲜奶油和卡仕达糖浆。

摆上蓝莓，再用冰激凌勺挖一个白巧克力慕斯球放在最顶端。

再次堆上碎冰，并用手轻轻按压固定形状，淋上自制炼乳、覆盆子酱和白巧克力酱。

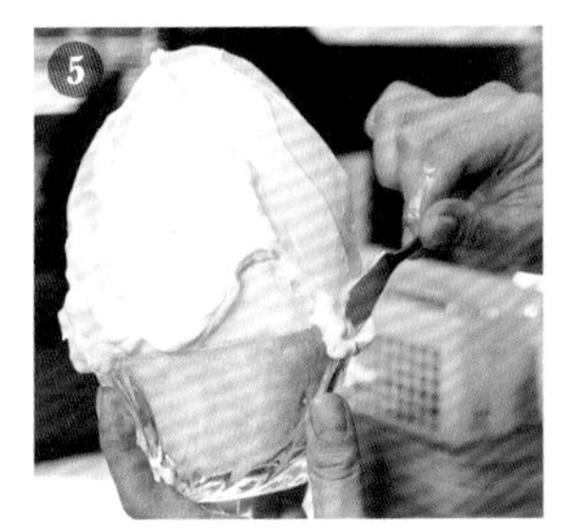

继续再堆叠一些稍粗的冰，同样用手轻轻按压后旋转淋上白巧克力酱。接着涂抹大量意式蛋白霜，并用奶油刀将其涂成漂亮的斜线。

把草莓切成 8 等份，排出螺旋状。然后用喷枪烧出烤痕，再装饰上奶油糖霜。上桌时把朗姆酒加热至沸腾，把点着的酒从最顶端浇上。

巧克力帕菲

刨冰粉丝们特别期待的情人节限定刨冰。巧克力和刨冰组合起来是很难的，但巧克力帕菲却一次使用三种不同口味与质地的巧克力。虽然吃得不多，但覆盆子慕斯的清爽口感将整个美味留在唇齿之间，对于喜欢巧克力的人来说是很棒的。

覆盆子慕斯的制作方法

在小锅里放入覆盆子泥和细砂糖，加热使细砂糖溶解，将小锅从火上取下，放入用水浸泡过的明胶搅拌至融化，然后将小锅置于冰块上冷却。把鲜奶油打至七分发备用。在搅拌盆里加入覆盆子泥，分3次加入打发好的鲜奶油混合拌匀。

材料

●覆盆子慕斯

覆盆子泥…250克

细砂糖…36克

鲜奶油（七分发）…360克

明胶粉末…8克

●巧克力糖浆

巧克力糊…36克

牛奶…75克

细砂糖…40克

可可粉…20克

●特制巧克力酱

黑巧克力…适量

牛奶…适量

细砂糖…适量

可可粉…适量

冰…适量

香缇鲜奶油（八分发）…100克

自制炼乳…50克+20克

沙菠萝（酥糖粒）…适量

焦糖酱…10克

草莓…2个

巧克力奶油霜…70克

覆盆子（冷冻）…2个

松露巧克力…适量

金粉…少许

盛盘

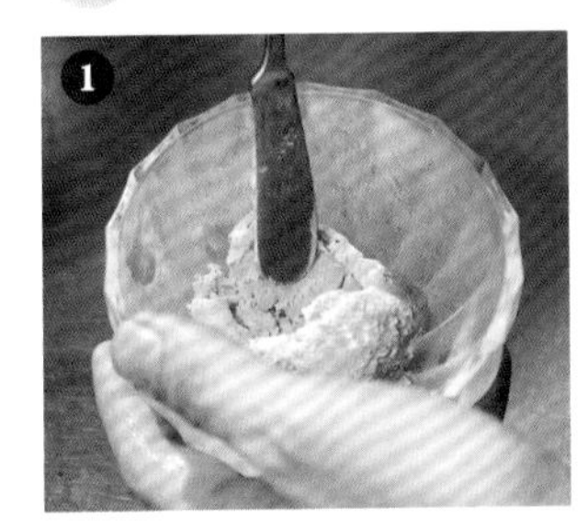

在冷藏好的容器里放入1球覆盆子慕斯，平放在容器里，再将1球香缇鲜奶油平铺在覆盆子慕斯上。

撒上巧克力糖浆（从侧面看可以清楚地看到3种颜色）。将冰堆叠似一座小山，用手轻轻按压。

在巧克力糖浆上浇淋自制炼乳，中间撒上一点饼干和一点焦糖酱。

将切成1厘米见方的草莓放上去。堆满碎冰直到没有空隙（为了能承载鲜奶油的重量），将冰刨到如小山高，再次用手轻轻按压。

加上自制炼乳和巧克力糖浆，再次堆叠冰并轻轻压紧，浇上自制炼乳。

将巧克力奶油霜放在顶端，用奶油刀由上至下涂抹，让整个刨冰被包裹在巧克力奶油霜下。

最后用特制巧克力酱装饰，用剩下的草莓松露巧克力、覆盆子、金粉装饰。

信玄冰

如同入口即化的信玄饼，搭配使用冲绳八重山产的纯黑糖制成的自制黑糖蜜，
无论男女老少都喜爱的组合。深培煎过的黄豆粉充满焦香味，
使用少量的红豆馅使味道更浓郁也更有层次感。可以说是夏季的人气商品。

黑糖蜜的制作方法

将黑糖放入耐热容器中包上保鲜膜，放入微波炉中大火加热90秒，移到锅里轻轻压碎。

把糖浆和水倒入锅中，中火加热。沸腾后转大火熬煮至黏稠。该店使用的是冲绳八重山产的纯黑糖。

信玄饼的制作方法

在锅里加入糯米粉和果糖混拌均匀，一点点加水并用小火搅拌熬煮，慢慢熬煮至黏稠，能使信玄饼更具黏稠性和延展性。以果糖代替砂糖风味更独特，即使是少量的使用也能衬托出甜味。

材料

●黑糖蜜

黑糖…250克

糖浆…250克

水…150克

●信玄饼

糯米粉…120克

果糖…100克

水…650克

冰…适量

红豆馅…40克

黄豆粉（深培煎过）…少许

盛盘

一边旋转，一边将细冰堆成满满的一座小山，用手轻轻压紧。

在冰的中央撒满黑糖蜜，挖一勺信玄饼放于冰激凌中央，再挖一大勺红豆馅。

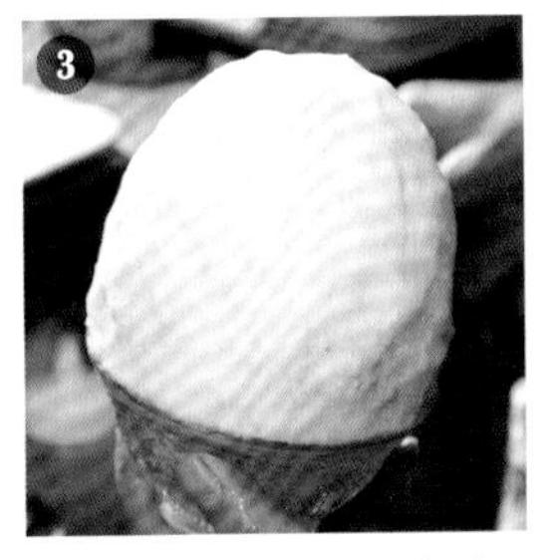

再次将冰堆满，用手轻轻地压紧。

将黑糖蜜细致地淋在冰上。

再用冰激凌勺挖一勺信玄饼和红豆馅，最后撒上黄豆粉。

制作要点

甘蔗制作的纯黑糖又硬又大块，建议先用微波炉加热一下，变软后更容易使用。

香蕉提拉米苏刨冰

香蕉糖浆是自点餐后才开始制作的，使用水饴、果糖、甜菜糖三种纯手工自制糖浆制作。
浓郁的奶香味道的马斯卡彭奶酪和香蕉糖浆加上可可豆的苦味完美搭配，
一年四季都相当受欢迎的招牌冰品，让你一饱口福！

香蕉糖浆的制作方法

把香蕉切成1厘米的片，放入搅拌器中，加入事先冷藏过的自制糖浆与鲜奶油，用手持式搅拌棒搅拌至黏稠状。

马斯卡彭奶酪奶油酱的制作方法

把马斯卡彭奶酪放入搅拌盆中，分次加入鲜奶油拌匀。充分混拌后用打蛋器打至六分发。

材料

●香蕉糖浆

香蕉…80克

自制糖浆…80克

鲜奶油…20克

●马斯卡彭奶油奶酪酱

马斯卡彭奶酪…250克

鲜奶油…200克

细砂糖…40克

冰…适量

香蕉…1根

自制炼乳…50克

沙菠萝（酥糖粒）…适量

可可粉…适量

红糖…少许

盛盘

1 在容器里将冰装成小山的样子，轻轻地用手压紧。把半根香蕉切成1厘米厚的扇形，剩下的半根切成1厘米厚的半圆形。

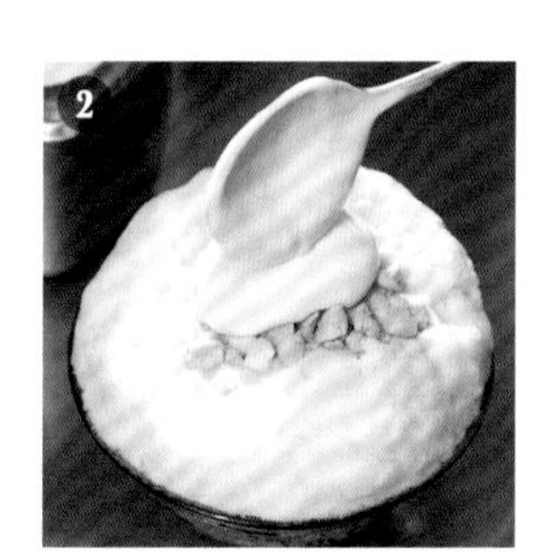

2 浇上自制炼乳，把香蕉糖浆倒在中央。按照沙菠萝、马斯卡彭奶油奶酪酱的顺序各放一大勺。

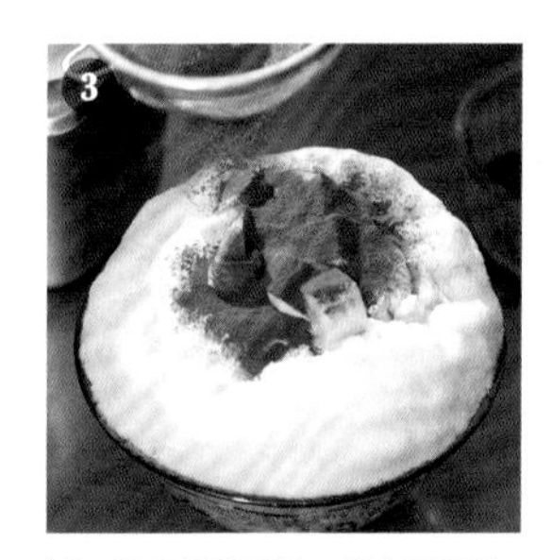

3 铺一层扇形香蕉片，撒上可可粉。再放入冰，继续堆成小山的样子，用手轻轻压紧。

4 淋上自制炼乳，顶端浇淋香蕉糖浆。

5 从顶端浇淋马斯卡彭奶油奶酪酱，再撒上可可粉。

6 在切成半圆形的香蕉上浇上红糖，以喷枪烤出漂亮的焦糖色作为装饰。

制作要点

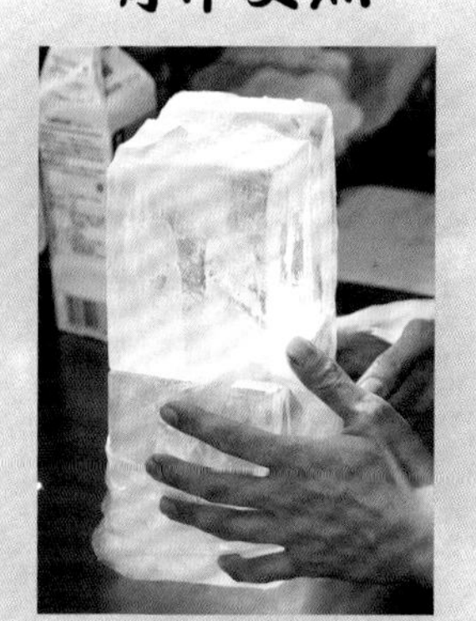

至少要在使用前的2小时取出冰块备用。想要切出具有蓬松感的冰，冰块表面温度最好维持在-5°C。

店铺 03

komae café

黑糖蜜黄豆粉刨冰

撒上自制的黑糖蜜与黄豆粉，可以尽情享受美味的刨冰。使用日本种子岛产的黑糖与天然冰融化的水所制成的黑糖蜜，其最大特色是不黏稠，还有清爽的甘甜味。而现做出来的黄豆粉也充满浓郁的豆香味，更营造出一份奢华感。

黑糖蜜的制作方法

将黑糖和融冰水放入锅中加热，为了不烧焦，一边熬煮一边搅拌使其沸腾。

沸腾后转中小火继续熬煮，去除锅里的浮沫。浮沫是造成咸味的主要原因，要尽量去除干净。然后转小火继续熬煮 5 分钟左右，直到黑糖完全溶解且稍微呈黏稠状。

从具有透明感的黑色煮至带有光泽的深黑色。如果熬煮得太过黏稠，浇淋在冰上会迅速凝固变硬，所以关键是具有黏稠性的同时还要具有流动性。过滤，置于锅中隔冰水快速冷却。

材料

●黑糖蜜

黑糖…200 克

融冰水（天然冰融化后的水）…160 克

●黄豆粉

黄豆和细砂糖…2：1 的比例

●炼乳牛奶

炼乳、牛奶…各适量

冰…适量

黄豆粉的制作方法

将黄豆平铺摊开，放入预热至 180°C 的烤箱中烘烤 10~15 分钟，直到黄豆芯完全熟透，黄豆表面上色且豆皮裂开，剥开后黄豆内部变色即可。

稍微降温，用搅拌机将其碾至完全粉碎。可以使用磨豆机，能让黄豆的香味充分释放。

过筛后和细砂糖混拌在一起。添加黄豆粉既可丰富口感又带有清爽的甜味，虽然也可以事先做好备用，但现做出来的黄豆粉的香味更浓。

炼乳牛奶

为了使刨冰有浓浓的牛奶般的味道，一般会使用炼乳牛奶作为基本淋酱。该店里的配方加入了大量牛奶，不会过甜，口感也更加清爽。

盛盘

容器里盛装同高度的冰，按顺序淋上炼乳牛奶和黑糖蜜，然后撒上黄豆粉。

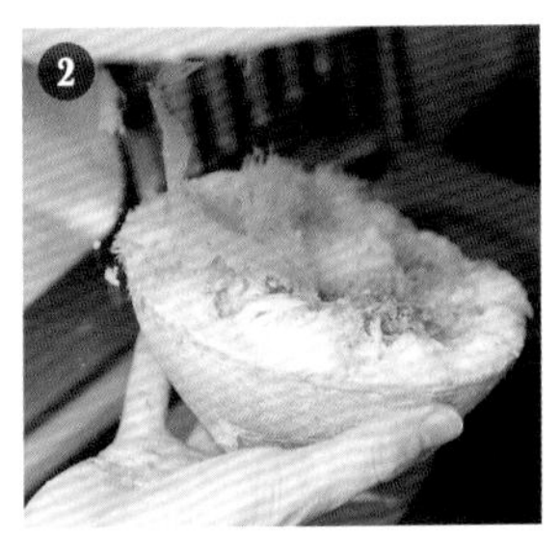

再次从容器的周围向中央堆冰，按顺序淋上炼乳牛奶和黑糖蜜，并撒上黄豆粉。

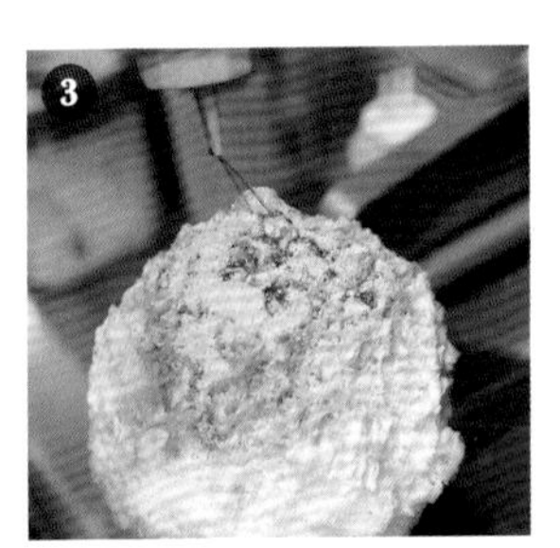

继续堆叠碎冰至一座小山高，按顺序淋上炼乳牛奶、黑糖蜜和黄豆粉，最后再撒上黑糖蜜。

猕猴桃马斯卡彭奶酪刨冰

不用加热处理，享受猕猴桃的新鲜味道。
猕猴桃恰到好处的微酸味道和马斯卡彭奶酪的甜味与浓郁香味都很搭。
松软的冰配上马斯卡彭奶油奶酪，口感顺滑又绵密。

猕猴桃酱的制作方法

猕猴桃去皮后切成4等份，放入搅拌碗中，加入细砂糖。猕猴桃使用绿色果肉的，恰到好处的酸味和绿色果肉会突显猕猴桃的风味。

在猕猴桃上撒上一层细砂糖，用搅拌器搅拌至糊状。如果把黑色种子捣碎，过一段时间后颜色就会变暗且味道发苦，所以要特别注意不要弄碎种子。

不需要搅拌至完全呈糊状，稍微留点果肉就完成了，会更加美味。为了使猕猴桃新鲜感更大，切好后不用经过加热处理，当天就必须使用完。

材料

●猕猴桃酱

猕猴桃…4个

细砂糖…猕猴桃重量的30%～40%

●马斯卡彭奶油奶酪

马斯卡彭奶酪…100克

细砂糖…10克

35%的鲜奶油…100克

冰…适量

炼乳牛奶（制作方法请参照P47）…适量

马斯卡彭奶油奶酪的制作方法

在盆里加入一份马斯卡彭奶酪和细砂糖，用橡胶铲搅拌到细砂糖糖化开。

加入鲜奶油继续搅拌。因为油水容易分离，所以要一点一点地分次加鲜奶油，拌匀后再加一次。注意搅拌要适度，搅拌过度鲜奶油会变干。

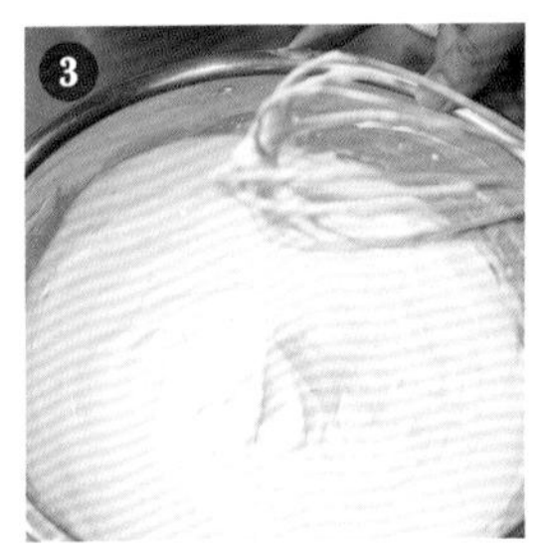

所有鲜奶油倒入搅拌盆后，改用打蛋器打发。奶油若太硬的话无法与冰融合在一起；如果太软就无法盛装在刨冰顶端，所以最好是取出搅拌器有弯钩的状态。

制作要点

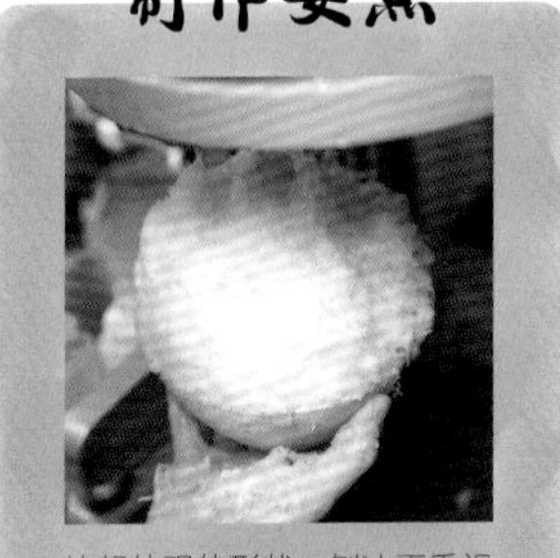

比起外观的形状，刨冰更重视松软的口感。不要用手按压表面，而是活用碎冰堆叠成小山的形状，将其盛入碟中。

盛盘

放入和容器同高度的冰，浇上炼乳牛奶，从中央向外撒上猕猴桃酱。

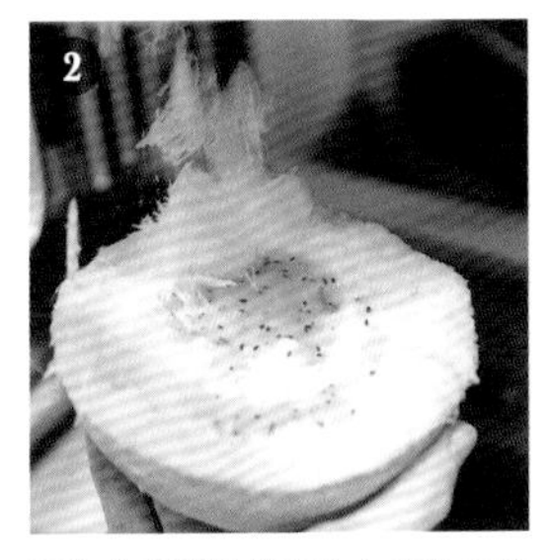

再次从容器的周围向中央堆叠碎冰，并按顺序加上炼乳牛奶和猕猴桃酱。

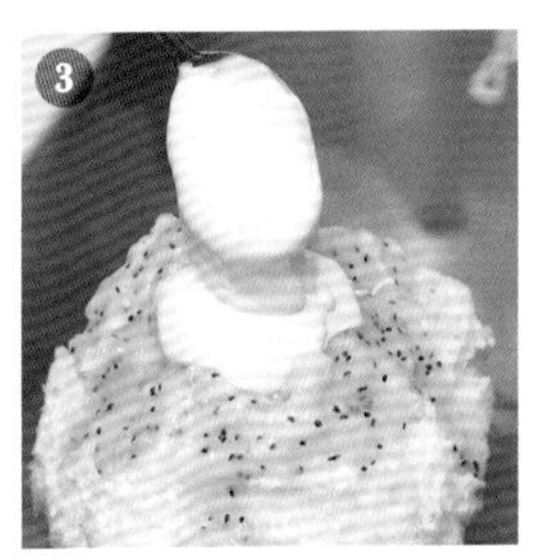

再次将冰堆成如一座小山，依次淋上炼乳牛奶和猕猴桃酱，最后将马斯卡彭奶油奶酪置于最顶端。

香料奶茶刨冰

将不加牛奶的香料奶茶作为刨冰的糖浆。

使用炼乳牛奶和马斯卡彭奶油奶酪，就是和香料奶茶一样味道的刨冰。

散发着香料的清香味，无论什么季节都能尽情享受它的魅力。

香料奶茶糖浆的制作方法

锅里放入茶叶、丁香、豆蔻、肉桂粉和没过材料的水。这里使用和牛奶非常搭配的阿萨姆红茶茶叶。

把锅放在中火上加热，煮到茶叶舒展开并飘出茶香味。因为肉桂粉很难溶解，所以可以一边搅拌一边加热。另外茶叶会吸水，需要及时补水来保持水一直没过材料的状态。

茶叶完全打开后，加入细砂糖和100毫升水，充分煮开加热并搅拌至细砂糖溶解，关火后用网筛过滤一下。

盛盘

放入和容器高度相同的冰，整体浇上炼乳牛奶，再将香料奶茶糖浆从中央向外侧呈螺旋状淋上，撒上肉桂粉。

再次从容器的周围向中央堆叠碎冰，依次撒上炼乳牛奶、香料奶茶糖浆，并撒上肉桂粉。

再次将冰堆成如一座小山高的形状，浇上炼乳牛奶，从中央向外侧呈螺旋状淋上香料奶茶糖浆，然后撒上肉桂粉。最后从顶端淋上马斯卡彭奶油奶酪及肉桂粉。

材料

●香料奶茶糖浆

茶叶（阿萨姆红茶）…16克

丁香…6克

豆蔻…8粒

肉桂粉…适量

细砂糖…150克

水…100毫升

冰…适量

炼乳牛奶（制作方法请参照P47）…适量

肉桂粉…适量

马斯卡彭奶油奶酪（制作方法请参照P49）…适量

刨冰机

这款刨冰机能削出松软绵密的冰。店里每制作300杯刨冰后就会打磨保养一次刀片。

制作要点

店里在所有刨冰中都使用的炼乳牛奶，为了让客人每一口都能品尝到美味，应将其均匀地撒在上面。

甘蜜安纳红薯刨冰

直接使用从日本种子岛的农家甘蜜安纳红薯制作而成的甘蜜安纳红薯刨冰。
充分利用红薯的浓厚的甜味和细腻口感，打造出滑润顺口的红薯酱。
另外搭配焦糖酱，有种布丁般的特殊美味口感。

甘蜜安纳红薯酱的制作方法

将红薯洗净后两端切下，用铝箔纸包起来放进预热至160℃的烤箱中烘烤90分钟，拿出后剥皮放入盆中。

加入细砂糖，用硅胶铲将红薯捣碎，再加入细砂糖混合拌匀。

整体细腻后加入鲜奶油，用手持搅拌器将红薯的纤维切断，同时也将材料搅拌均匀。

分次加入牛奶，用硅胶铲搅拌均匀。刚开始不太容易搅动，先试着用红薯覆盖牛奶的方式拌和。

红薯和牛奶混合均匀后，再次加入牛奶搅拌均匀。待牛奶全部倒入后，使用打蛋器将其打发，打发至提起打蛋器时有弯钩的状态为止。

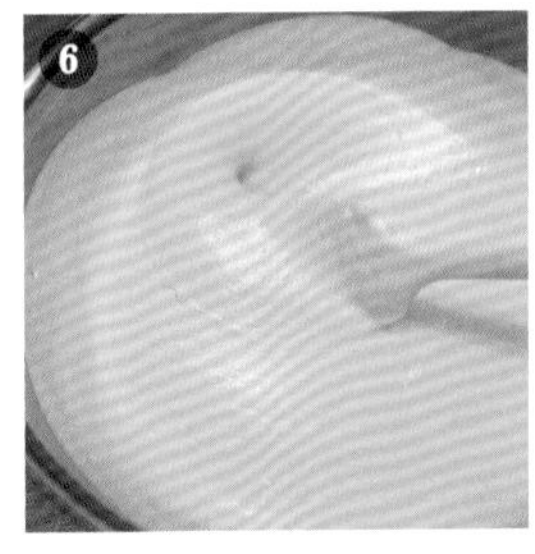
待有光泽且蓬松，用滤网过筛，红薯酱即制作完成。

盛盘

将冰片削到同容器一样的高度，整体淋上炼乳牛奶，并在中央处淋上红薯酱。

再从容器边缘向中央堆冰，并按顺序淋上炼乳牛奶和红薯酱。

继续将碎冰堆得如一座小山，整体淋上炼乳牛奶，并在中间淋上红薯酱，最后撒上燕麦，浇淋焦糖酱。

材料

●甘蜜安纳红薯酱

甘蜜安纳红薯…200克

细砂糖…60～80克（红薯的30%～40%）

35%的鲜奶油…200克

牛奶…400克

冰…适量

炼乳牛奶（制作方式请参照P47）

燕麦…适量

焦糖酱…适量

店里使用富士山天然冰“不二冰店”的冰块。这是利用富士山的天然水和自然力量制作的冰，是公认的美味。

盛装刨冰用的器皿是向住在镰仓的陶艺家订购的，触感很好又很容易端拿，是特意计算过盛装形式和尺寸的定制产品。

BW cafe

胧豆腐刨冰

这是用豆腐和豆浆制作的健康刨冰。店里使用的是调味豆浆，不用担心油水分离的问题。
味道的平衡和深度也会增加，清爽又浓郁，能成功做出充满高级感的好刨冰。
即使完全溶解了，也能享受到无与伦比的独特美味。

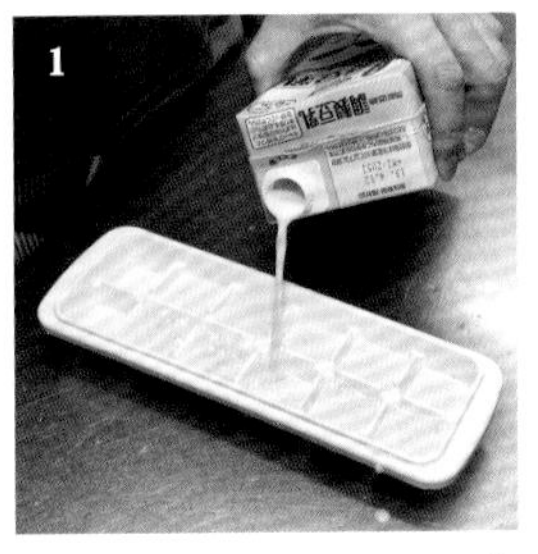

将豆浆倒入制冰盒中冷冻。用热水把枸杞子的果实泡软备用。

胧豆腐吸干水分，放进搅拌机里。

一边用搅拌机搅拌胧豆腐，一边缓慢放入糖浆，搅拌3~5分钟将食材混拌均匀。

材料

豆浆（调味豆浆）…适量
枸杞子…少许
胧豆腐…100克
糖浆…30克
黄豆粉…适量
豆浆冰激凌…冰激凌勺1球

搅拌至浓稠且顺滑。若一开始没有将胧豆腐水分吸干，搅拌后的成品可能会比较稀，所以要特别注意。

取出豆浆冰，放置2~5分钟备用。解冻的时候，豆浆冰的颜色看起来是茶色，削成冰后就会恢复白色。

一开始把冰削得粗一些，然后慢慢地削细。为了避免奶油压垮冰，将冰盛到比器皿高一点的地方，并抹平一点。

关于容器

容器的颜色也统一为白色。特意使用了有深度的容器，不让人看到冰块。

淋上大量胧豆腐奶油。

将豆浆冰置于顶端，撒上黄豆粉和枸杞子。

水果百汇刨冰

将七八种水果全部浸泡在糖浆里发酵 3 天，使水果产生醇厚的味道和风味。

既能享受粗冰块，又能享受各种水果的丰富口感。

以香槟酒杯盛装水果，可以提高外观的华丽度，营造视觉上的奢华感。

苹果去皮切成 12 等份，每份再切成 3 等份（大约是一口的大小）。

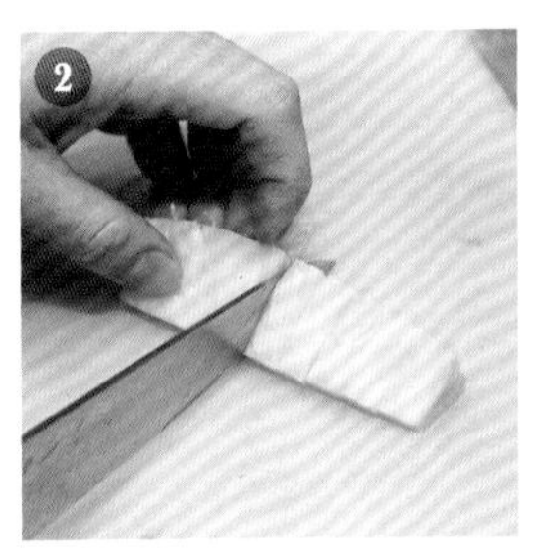

菠萝切成 8～10 等份，再按照苹果的大小切成小块。

金橘对半切开，去掉里面的籽。

将水、细砂糖、苹果、菠萝、金橘倒入锅里，盖上盖子，以中小火煮 5～10 分钟。熬煮至稍微有嚼劲的程度即可关火。

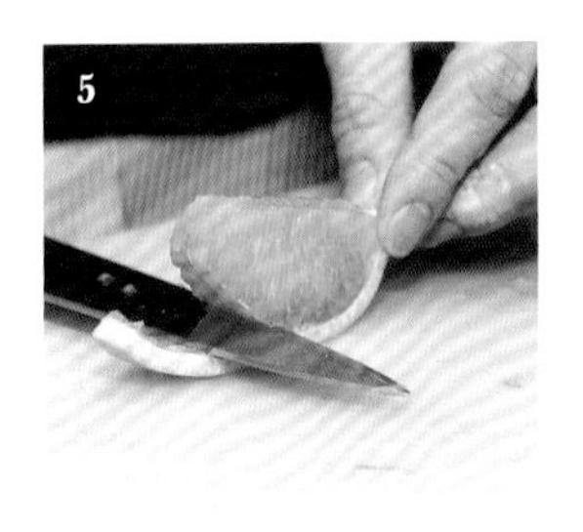

葡萄柚纵切成 6 等份后去皮，然后切成一半。猕猴桃削皮后纵切成 4 等份，再切成 8 毫米宽。

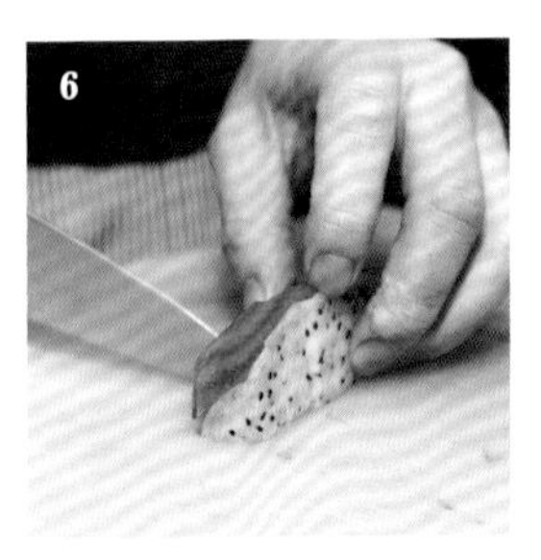

火龙果去皮后切成 5 毫米宽。葡萄则先拔掉葡萄梗备用。

将葡萄柚、猕猴桃、火龙果、葡萄和粉圆一起倒入锅里，放凉。

倒入容器里，放在冰箱冷藏 3 天左右。静置 3 天能使糖浆与水果的香气、味道完全融合在一起。

容器里盛装稍大颗的冰后摆上柠檬片。另外用香槟杯盛装带果肉的糖浆，并插上薄荷叶作为装饰。组合式刨冰完成。

材料

苹果…1 个
菠萝…1/8 个
金橘…5 个
葡萄柚…1/2 个
猕猴桃…1 个
火龙果…1/4 个
葡萄…10 个
水…500 毫升
细砂糖…750 克
黑粉圆…50 克（无干燥状态）
冰…适量
薄荷、柠檬片…各少许

制作要点

将水果事先煮熟就会增加光泽感，在将糖浆和水果融合在一起的同时，要注意突出各自的口感。煮熟的和生吃的加以区分也是非常重要的。

荞麦茶刨冰

从冰块、糖浆到馅料全部使用荞麦的荞麦茶刨冰。
代替黄豆粉的煎荞麦粉和荞麦茶，搭配充满香味和风味十足的荞麦蜜，
有不少客人希望店家能单独销售这两样商品，可见荞麦单品销售的人气。

荞麦冰块、荞麦蜜、炒过的荞麦粉的制作方法

将水、荞麦茶包倒入锅中，用中火加热，沸腾后关火。静置放凉备用。取出荞麦茶包，将一部分荞麦茶注入制冰机中使之冻结。再将锅里剩下的荞麦茶里加入砂糖，用中火加热。一边捞出浮沫，一边煮到稍微黏稠，这就做成了荞麦蜜。

将荞麦粉倒入平底锅里，以小火煎炒，香味扑鼻后关火，将炒过的荞麦粉移入容器中，加入砂糖和盐混拌均匀。然后将荞麦籽倒入平底锅里，同样用小火煎炒。开始变色就马上拿出来。如果不立即取出，锅里的余热会将荞麦籽烧焦，所以要注意。

荞麦粉白玉汤圆的制作方法

将制作白玉汤圆的材料（水除外）放入搅拌盆中，用手充分搅拌均匀。

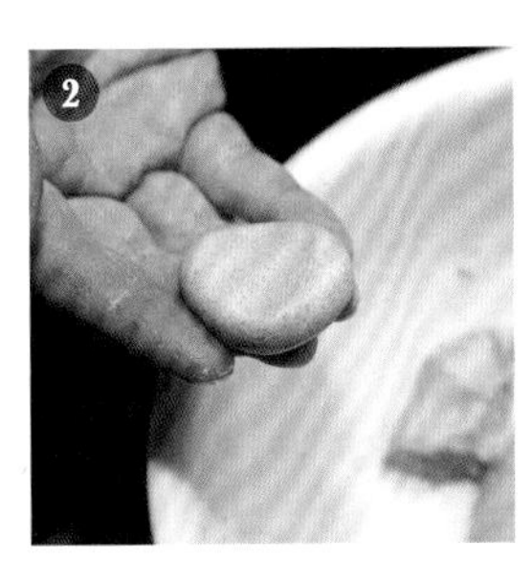

加水慢慢混合，揉匀后捏成直径2厘米左右的团子，稍压一下成3厘米左右，在面团中间留下一个放馅的凹槽。

锅中放水煮沸，将白玉汤圆放入锅中。浮起来后捞起，放在冷水里稍微冲洗一下。

盛盘

将荞麦冰块取出，静置2～5分钟，在容器里盛装冰。

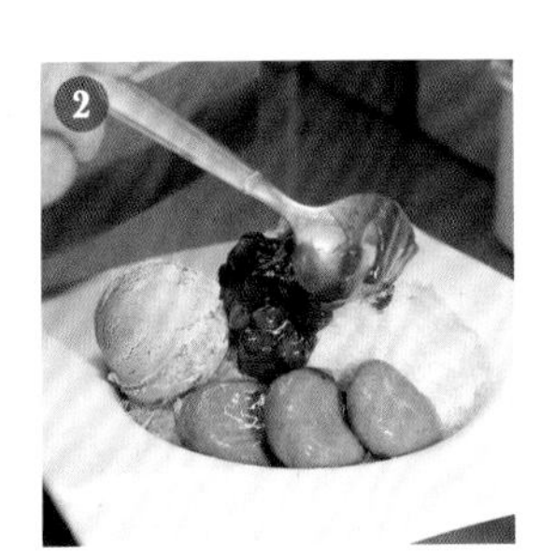

将白玉汤圆、意式冰激凌摆在容器边缘，将红豆馅盛装于容器中央。

在红豆馅上面挤一些鲜奶油。没有摆上配料的地方，撒上大量炒过的荞麦粉和荞麦籽，最后以薄荷叶点缀。上桌时附上一小碟荞麦蜜。

材料

●荞麦冰

- 荞麦茶…15个茶包（8克/茶包）
- 水…2000毫升

●荞麦蜜

- 荞麦茶…900毫升
- 砂糖…约1千克

●炒过的荞麦粉

- 荞麦粉（白）…200克
- 砂糖…20克
- 盐…少许

●炒过的荞麦籽

- 荞麦籽…少许

●荞麦粉白玉汤圆

- 荞麦粉（黑）…50克
- 白玉粉…150克
- 砂糖…20克
- 水…180毫升
- 荞麦粉意式冰激凌…冰激凌勺1球
- 红豆馅…1大匙
- 鲜奶油…少许
- 薄荷（装饰用）…少许

制作要点

刨冰与甜点所使用的荞麦茶，通常会比饮料用的荞麦茶浓10倍。为了萃取荞麦茶的风味与香味，煮荞麦茶时要特别注意，尽量不要长时间沸腾。

店铺
05

Dolchemente

草莓刨冰

法式甜点中提供的刨冰以充分利用新鲜水果的水果酱为优势，搭配牛奶口味的雪花冰，在夏季限定销售的可外带商品。未经过加热处理的水果酱必须按订单进行现做，无法提前做好备用。草莓牛奶刨冰是店里最受欢迎的冰品。

草莓酱的制作方法

用水果刀去除草莓蒂头。将装饰用的5个草莓分别横切成5毫米大小，然后纵切成两半。

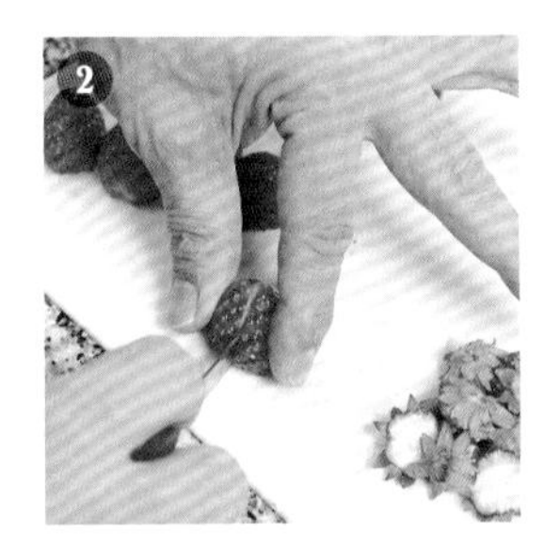

一边按住两端一边竖着切成薄片。按这样的顺序切草莓，果肉柔软的草莓也不会碎，而且可以切得很薄。

将制作草莓酱用的5个草莓和纯糖粉放在粉碎机的耐热玻璃器皿中，盖上盖子。

安装好机器。当食材的量不足75毫升时，适合使用这种小型粉碎机。

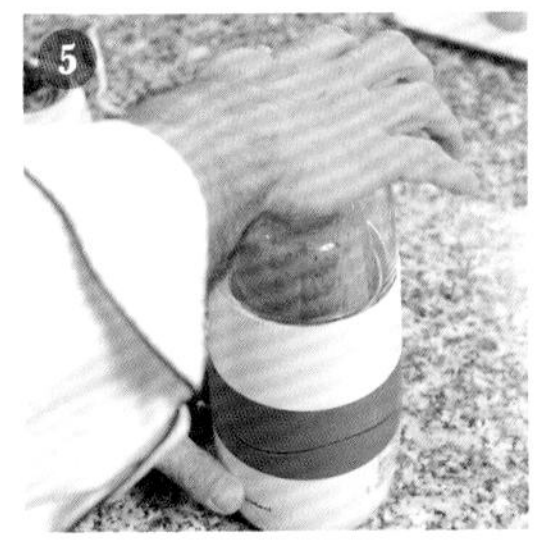

用手掌轻压，不要一直按着不抬手，保持果肉和种子的颗粒感。

注意不要将草莓籽全部压碎。

材料（1碗刨冰分量）

草莓（装饰用）…5个（约50克）
草莓（制作草莓酱）…约50克
糖粉…约25克（制作草莓酱的草莓用量的一半）
雪花冰…1个（140克）

制作要点

机器是使用了MARUI物产制造的“ONE-SHOT雪花冰机”。充满微甜气息的牛奶冰饱含空气，使用这台机器可以切削出细细的冰。把牛奶雪花冰的杯子放到机器上，只要轻轻按下按钮，即可轻松做出美味的法式甜点。

盛盘

在容器底部铺上1大勺草莓酱，再沿着盒的边缘倒入适量的草莓酱。淋酱以顾客一眼即能看出来为原则。

把雪花冰块放在雪花冰机上。一边转动容器，一边堆起被削成缎带形状的松软的冰，整形。

把剩下的1勺草莓酱旋转淋在冰的顶端，最后用新鲜草莓装饰。

奇异果刨冰

使用新西兰产的奇异果制作的刨冰很受欢迎。

搭配微甜的牛奶雪花冰，既能有效调整酸甜度，又能减少砂糖的用量。

奇异果酱的制作方法

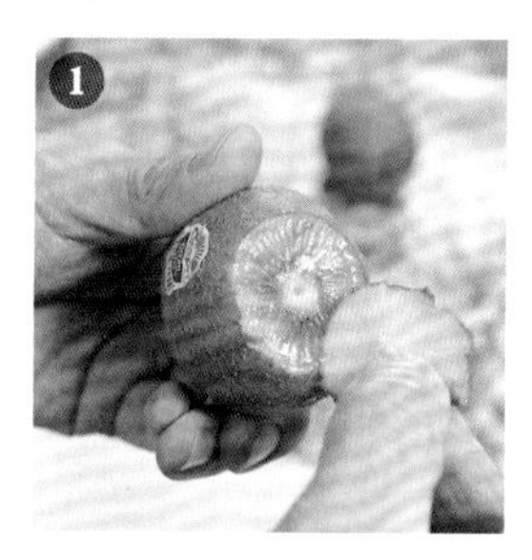

旋转着拔出奇异果的硬芯。这个方法使果芯更容易脱落。

切下另一边的蒂头，剥皮后切成两半。一半用于制作奇异果酱，另一半用于装饰。

将装饰用的奇异果切成 4 等份，分别除去果芯的白色部分。上下排列后，将一半量切成 5 等份。

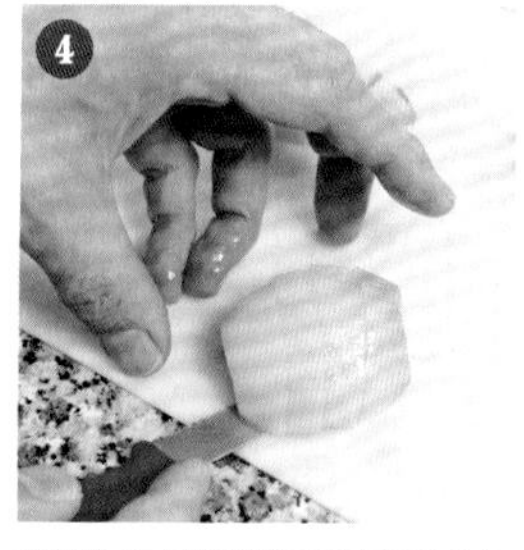

将制作奇异果酱的奇异果竖着切成一半后再分切成 4 等份。

将酱料用的奇异果和糖粉放入搅拌机的玻璃器皿中，盖上盖子。

按压 6～7 次，糖粉化开即可，这样就做出酸味十足的光滑果酱了。注意不要压碎果肉上的黑籽。

材料（1 碗刨冰分量）

奇异果（装饰用）…1/2 个
奇异果（制作奇异果酱）…1/2 个
糖粉…约 25 克（制作奇异果酱的奇异果用量的一半）
雪花冰…1 个（140 克）

制作要点

“ONE-SHOT 雪花冰机”专用的杯装雪花牛奶冰，1 个全部用完大约是 140 毫升。

盛盘

在容器底部铺上 1 大勺奇异果酱，再沿着盒边缘倒入适量的奇异果酱。

把雪花冰杯放在雪花冰机上。一边转动容器，一边堆起被削成缎带形状的松软的雪花冰。

把剩下的 1 勺奇异果酱从上面旋转着淋在冰上，最后用新鲜的奇异果装饰。

芒果刨冰

和草莓刨冰一样都是人气很高的冰品。泰国产的冷冻芒果，用微波炉加热解冻至室温后就能切块。制作芒果酱时，为了使糖充分溶解至酱料中，会使用不加玉米淀粉的纯糖粉。而这也是法式甜点师的独特创意。

芒果酱的制作方法

将冷冻芒果放入微波炉中加热后取出，切成大约 1.5 厘米见方以保留口感。一半用于制作芒果酱，另一半用于装饰。

将制作芒果酱的芒果和纯糖粉一起放入搅拌机的玻璃容器中，盖上盖子。

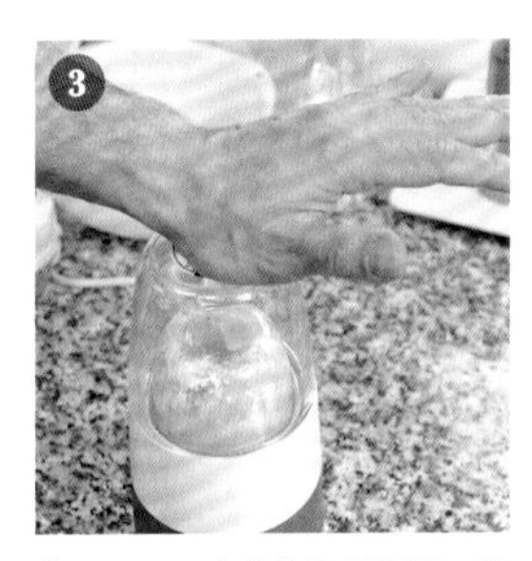

按压 6 ～ 7 次使芒果呈泥状，糖粉溶解后就是甜度适中的滑顺芒果酱。

材料（1 碗刨冰分量）

冷冻芒果（装饰用）…约 50 克
冷冻芒果（制作芒果酱）…约 50 克
纯糖粉…约 25 克（制作芒果酱的芒果用量的一半）
雪花冰…1 个（140 克）

盛盘

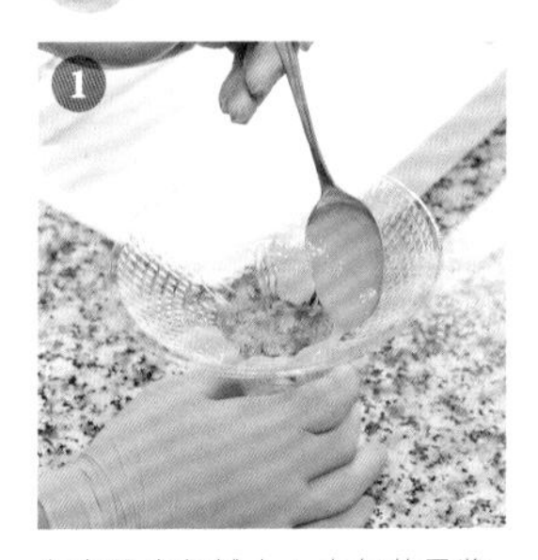

在容器底部铺上 1 大勺芒果酱，然后沿着盒边缘倒入适量的芒果酱。

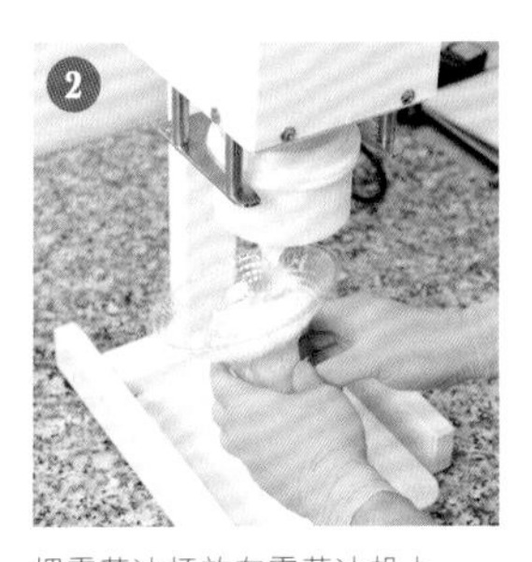

把雪花冰杯放在雪花冰机上。一边转动容器，一边堆起被削成缎带形状的松软的雪花冰。

把剩下的 1 勺芒果酱从上面旋转着淋在雪花冰顶端，用新鲜芒果装饰上。

制作要点

未经过加热处理的水果酱通常都在点餐后才开始制作，每次制作 1 碗刨冰使用的分量。

巧克力刨冰

使用调温巧克力（可可含量 55%），搭配从生牛乳中去除脂肪，同时浓缩了约 3 倍的浓缩脱脂牛奶来制作刨冰用的巧克力酱，充满浓浓的巧克力香气和牛奶的香气。

巧克力酱与牛奶雪花冰的组合是小朋友最喜欢的。

材料（容易制作的分量）

- 调温巧克力（可可含量 55%）…200 克
- 北海道浓缩脱脂牛奶…200 毫升
- 鲜奶油（乳脂含量 35%）…200 克
- 细砂糖…4 克
- 雪花冰…1 个（140 克）

巧克力酱的制作方法

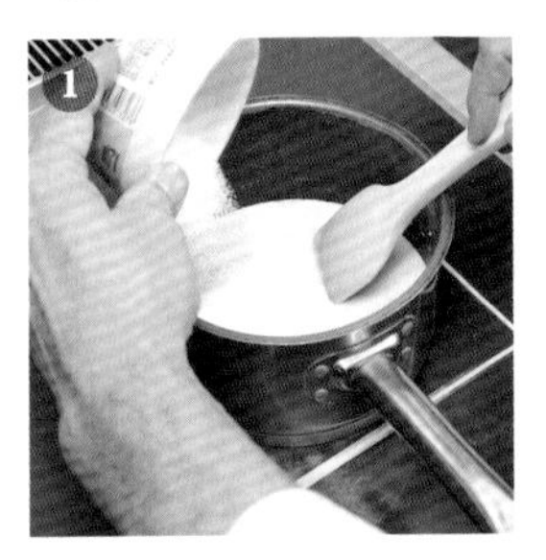

1 将北海道浓缩脱脂牛奶和鲜奶油倒入锅中加热，轻轻拌匀，加入细砂糖混拌均匀。

2 注意火候，不要烧焦，但一定要煮沸。

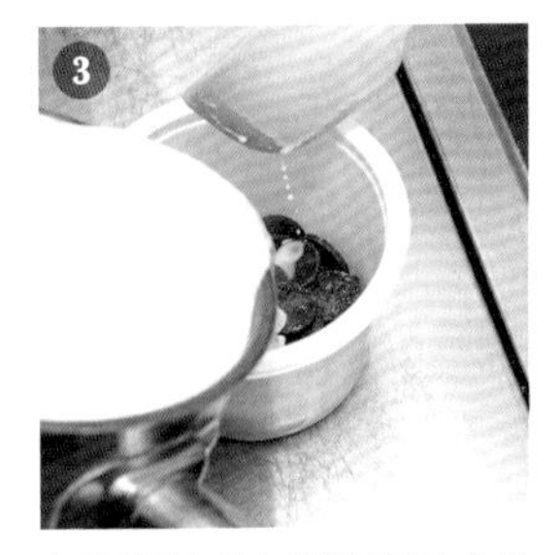

3 煮沸后倒入装有调温巧克力的容器中。虽然调温巧克力的可可含量不高，但经过这样的处理后也能变得香醇浓郁、可口美味。

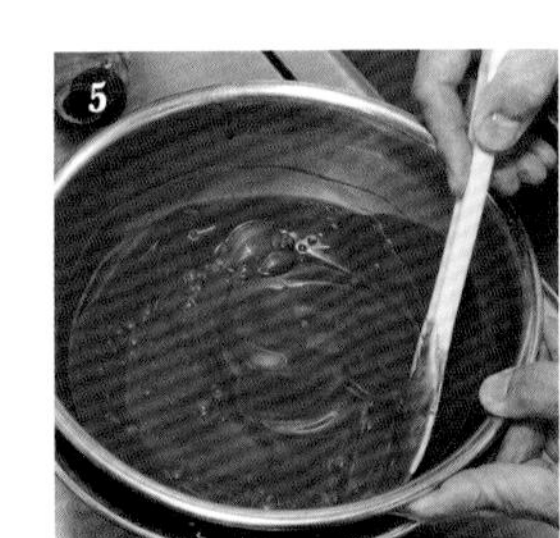

4 使用耐热的手持料理棒充分搅拌，直到整体呈牛奶巧克力的颜色。

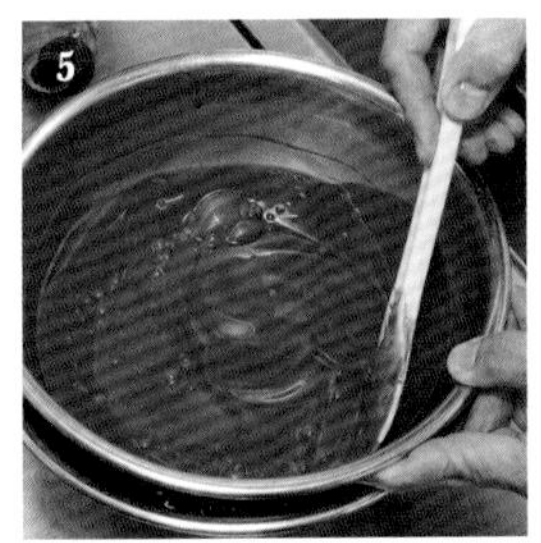

5 搅拌均匀后倒入搅拌盆中，将整个搅拌盆放入另外一个装有冰块的盆子里，用硅胶刮刀轻轻搅拌至冷却。

6 将刮刀提起时，巧克力酱以线状方式滴落即可。冷藏可以保存 2 天。不需要隔水加热即能直接使用。

制作要点

从刨冰的顶点呈线状滴落的方式浇淋巧克力酱，然后以向下旋转的方式淋在下方的冰上。

盛盘

1 在容器底部铺上 1 大勺巧克力酱，再沿着容器边缘倒入适量巧克力酱。

2 把雪花冰杯放在雪花冰机上。一边转动容器，一边堆起被削成缎带形状的松软的雪花冰。

3 浇上适量巧克力酱。

店铺
06

吾妻茶寮

日式酱油团子风刨冰

这是一款将日式酱油团子用刨冰表现出来的独特的产品。
佐料汁的甜辣度、香脆的冰片、柔软的慕斯泡沫都是让人上瘾的美味。
配菜也用碎海苔和碎海苔做成日本独特风味。

白蜜的制作方法

将水倒入锅中煮沸，加入细砂糖。

细砂糖溶解且沸腾冒泡后关火冷却。除了制作“日式酱油团子酱”糖浆外，还可以用于其他各种各样的糖浆和酱料。

材料

●白蜜

- 水…1 升
- 细砂糖…1 千克

●日式酱油团子酱用慕斯泡沫

- 日式酱油团子的甜辣酱料…50 毫升
- 牛奶…200 毫升
- 炼乳…200 毫升
- 鲜奶油…200 毫升
- 慕斯泡沫粉…15 克

●日式酱油团子酱糖浆

- 白蜜…180 毫升
- 日式酱油团子的甜辣酱料…50 毫升
- 香草冰激凌…适量
- 麻薯…适量
- 米果（霰子）…适量
- 切小片海苔…适量
- 日式酱油团子（串）…1 根
- 冰…适量

日式酱油团子酱糖浆的制作方法

在加入了白蜜的调味料瓶中，加上日式酱油团子的甜辣酱料，充分摇匀。

日式酱油团子酱用慕斯泡沫的制作方法

将制作慕斯泡沫的材料准备好。为了让日式酱油团子的甜辣酱料容易和其他材料混合，可以用微波炉稍微加热一下。

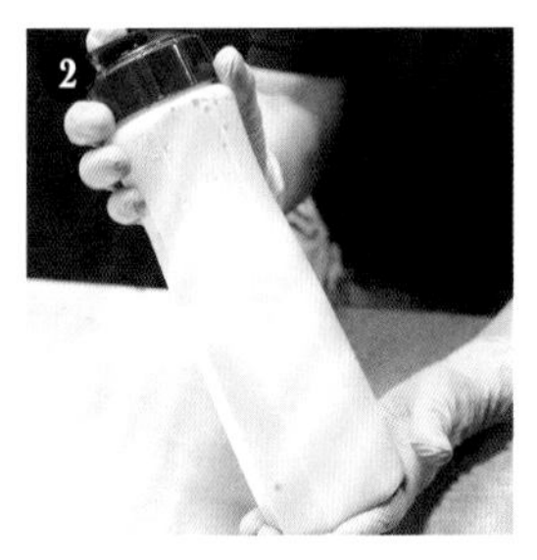

把所有的材料都放进调味瓶中，充分摇匀后放进冰箱冷藏（因为容易水油分离，所以在装入奶油花之前，务必再次摇匀）。

盛盘

切削冰，将冰盛到容器中并稍微高于容器，整体淋上日式酱油团子酱糖浆。

在冰上堆叠香草冰激凌和麻薯。将麻薯切小块。

继续将冰堆叠成如一座小山的形状，淋上大量日式酱油团子酱糖浆。在奶油枪中加入气弹，装好花嘴，从下往上挤出螺旋状的慕斯泡沫。

在最上面撒上米果和海苔。在容器边插上 1 根日式酱油团子串作为装饰，上桌时另外附上一小碟米果。

抹茶提拉米苏和草莓刨冰

人气十足的抹茶提拉米苏刨冰，加上季节感很强的新鲜水果作为装饰，是店里相当受欢迎的招牌冰品。以奶油奶酪为基底的慕斯泡沫搭配抹茶，再以隐藏在冰内的蕨菜饼和燕麦片作为重点配料，增添了亮点。

宇治糖浆的制作方法

在料理机中加入约一半的白蜜，加入抹茶后再倒入剩下的白蜜，盖上盖子充分搅拌。

关闭料理机，用硅胶铲稍微搅拌至溶解一下剩下未溶解的抹茶粉，再次搅拌均匀。

材料

●宇治糖浆

- 白蜜…2 升（制作方法请参照 P69）
- 抹茶粉 180 克

●提拉米苏用慕斯泡沫

- 牛奶…400 毫升
- 马斯卡彭奶酪…100 克
- 奶油奶酪…100 克
- 鲜奶油…70 毫升
- 白蜜…70 毫升（制作方法请参照 P69）
- 炼乳…20 毫升
- 慕斯泡沫…5 克

●马斯卡彭奶油奶酪

- 奶油奶酪…1000 克
- 马斯卡彭奶酪…1000 克
- 细砂糖…400 克
- 鲜奶油…1000 克
- 牛奶…500 毫升
- 柠檬汁…50 毫升
- 蕨菜饼…适量
- 燕麦…适量
- 抹茶粉…适量
- 草莓…适量
- 冰…适量

提拉米苏用慕斯泡沫的制作方法

将所有食材放入料理机中搅拌至顺滑。移入调味瓶中并放入冰箱冷藏（由于容易水油分离，倒入奶油枪之前，要再次摇匀）。

马斯卡彭奶油奶酪的制作方法

将奶油奶酪和马斯卡彭奶酪置于常温下回温，用电动打蛋器打至柔软。按照顺序加入细砂糖、鲜奶油、牛奶、柠檬汁，继续打发至呈奶油状。

蕨菜饼

在锅里加入蕨饼粉、黑糖和水，加热溶解后继续用大火一边熬煮边搅拌，煮至浓稠且呈透明状。将锅放入另外一个装好冷水的盆里冷却，形状固定即可。使用黑糖是为了让味道更加浓郁。

盛盘

容器里中放入同容器一样高的冰，淋上宇治糖浆，摆放蕨菜饼、马斯卡彭奶油奶酪和切的燕麦。

继续盛装碎冰如一座小山的形状，撒上大量宇治糖浆至整个冰面呈绿色。

在奶油枪中放入调制好的慕斯泡沫材料，装好气弹，从下往上挤出螺旋状的慕斯泡沫。

最后撒上抹茶粉，用草莓点缀。如果草莓颗大，3～4 个即可。

抹茶巧克力奶酪刨冰

加入了满满的抹茶糖浆的冰，再加上有着浓郁白巧克力的风味的蓬松软绵的抹茶慕斯泡沫，
最后上桌时再搭配一小碟抹茶巧克力酱。
一次享受多种口感和味道，令人回味无穷。

抹茶糖浆的制作方法

在碗里倒入抹茶粉，加入热水，用茶筅搅拌出浓郁的抹茶。

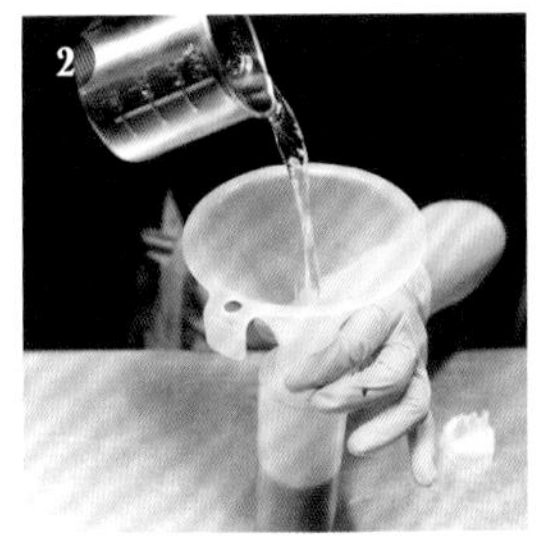

将❶倒入调味瓶中，加入冷水后盖上盖子放置。

抹茶巧克力奶酪用慕斯泡沫 & 抹茶巧克力酱的制作方法

将白巧克力放入碗中，隔热水融化。巧克力融化后加入抹茶粉，充分搅拌至顺滑且没有结块。

加入鲜奶油混拌均匀，取一部分作为抹茶巧克力酱使用。

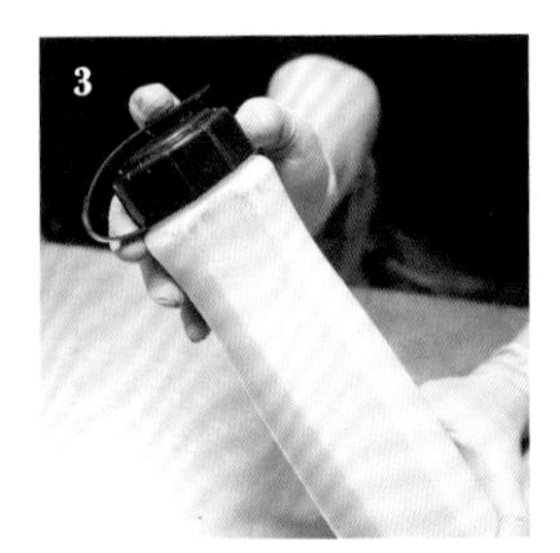

把牛奶、慕斯泡沫粉、剩余的抹茶巧克力酱倒入调味瓶中，摇匀后放入冰箱冷藏（因为容易油水分离，所以在装入奶油枪之前，要再次摇匀）。

盛盘

容器内盛装像小山一样高的冰，均匀地撒上抹茶糖浆，将马斯卡彭奶油奶酪和红豆馅置于最顶端。

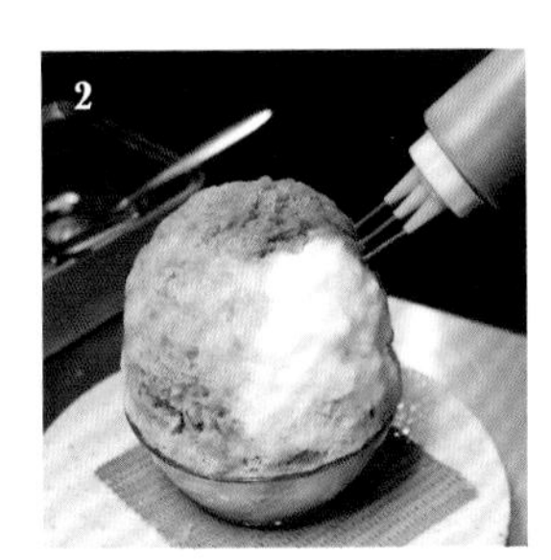

再次将冰堆成小山，整体撒上抹茶糖浆。因为冰的量多，所以必须要淋上大量糖浆才能确保渗透至冰里面。

在奶油枪里放入调制好的慕斯泡沫材料，装好气弹，使用六齿花嘴，从中心点以螺旋方式挤出慕斯泡沫，撒上抹茶粉。上桌时另外附一小碟抹茶巧克力酱。

材料

●抹茶糖浆

- 抹茶粉…5 克
- 热水…50 毫升
- 冷水…200 毫升

●抹茶巧克力奶酪用慕斯泡沫 & 抹茶巧克力酱

- 白巧克力…180 克
- 抹茶粉…15 克
- 鲜奶油…350 毫升
- 牛奶…350 毫升
- 慕斯泡沫粉…5 克
- 马斯卡彭奶油奶酪（制作方法请参照P71）…适量
- 红豆馅…适量
- 抹茶粉…适量
- 冰…适量

红豆馅

用于装饰的红豆馅是使用北海道产的大纳言红豆制作而成的。先把红豆放于细筒锅里浸泡一天一夜，让红豆充分吸水后熬煮松软就能煮出软嫩顺口的红豆馅。

店铺
07

ANDORYU

草莓牛奶刨冰

新鲜的当季草莓直接捣碎，制作成有果肉的糖浆。
与鲜奶油和炼乳相结合，是一种令人怀念的好味道。

草莓糖浆的制作方法

将草莓放入大碗中，再加入细砂糖。

加入糖浆。

使用电动搅拌器把草莓果肉捣碎。把做好的草莓糖倒入调味瓶中（除了草莓以外，橘子、猕猴桃、菠萝等也可以使用同样的方法制作成糖浆）。

材料

●草莓糖浆

草莓和细砂糖和糖浆…比例为 10:1:5
草莓糖浆…适量
发泡鲜奶油（无糖）…适量
炼乳…适量
冰…适量

盛盘

切削冰装入容器里，浇上草莓糖浆，继续切削冰盛装，浇上糖浆，一层一层交替堆积。

将冰堆叠得如小山一样高，撒上满满的草莓糖浆。

用汤勺舀一匙发泡鲜奶油置于最顶端。

在发泡鲜奶油上浇淋炼乳即成。

制作要点

将冰切削成细长条，以饱含空气的方式往上堆叠，这样的冰不仅美味，还具有入口即化的口感。容器是陶制的，可以减缓冰融化的速度，因此店里使用具有强烈视觉冲击的陶制釜饭锅来盛装冰。

黑芝麻团子刨冰

为了让白豆沙馅与冰更好地结合在一起，在糖浆里加入白豆沙馅，
不仅增添风味，也多了黏稠的口感。在顺滑的发泡鲜奶油中，
会有黑芝麻的颗粒感。

材料

●白豆沙馅糖浆

白豆沙馅和糖液糖浆…比例为 1 : 1

●黑芝麻奶油

发泡鲜奶油（无糖）…汤勺 1 匙

焙炒黑芝麻…10 克

胶糖浆…15 毫升

白豆沙馅糖浆…适量

黑芝麻奶油…适量

冰…适量

白豆沙馅糖浆的制作方法

将糖浆加入白豆沙馅里，用打蛋器充分搅拌均匀。

搅拌至白豆沙馅和糖浆完全混合在一起，倒入调味瓶中备用。

黑芝麻奶油的制作方法

在发泡鲜奶油中加入黑芝麻。

然后倒入胶糖浆。

用汤勺将材料混拌在一起。

盛盘

将冰和白豆沙馅糖浆交替堆叠在容器中。

将冰堆叠至如一座小山时，浇上满满的白豆沙馅糖浆，最后舀一勺黑芝麻奶油撒在最顶端。

牛油果牛奶刨冰

正因为简单，所以入口即化的冰的口感和牛油果的黏稠感对比强烈。
充分活用食材特性的健康刨冰，很受欢迎。

牛油果奶油的制作方法

将牛油果去皮，剔除果核，切成小块。

在搅拌机中加入牛油果果肉、香草冰激凌、砂糖和牛奶一起充分搅拌均匀。

搅拌至呈顺滑的奶油状后，倒入调味瓶中备用。

盛盘

把冰和牛油果奶油倒入容器中，交替堆叠。

将冰堆叠至如一座小山时，从顶端淋上满满的牛油果奶油即可。

材料

●牛油果奶油

牛油果…1个

香草冰激凌…和牛油果同分量

细砂糖…牛油果重量的 1/10

牛奶…50 毫升

牛油果奶油…适量

冰…适量

店铺
08

kotikaze

双色金时刨冰

日本传统和三盆糖糖浆、白下糖糖浆搭配红豆馅的组合，是这家擅长和式点心的该店引以为豪的刨冰。
“希望大家知道日式三盆糖和白下糖的存在和美味，并将这种美味牢记在心上”，
一道老板非常用心良苦设计打造的冰品。

和三盆糖糖浆、白下糖糖浆的制作方法

把三盆糖和水倒入锅中加热，大火煮沸后转小火，继续熬煮 10～15 分钟至黏稠状关火。白下糖糖浆也使用相同做法。

“白下糖”是制作和三盆糖的原料，味道很像黑糖。这两种糖都采购自日本香川县。

白玉汤圆的制作方法

在搅拌盆中加入糯米粉，一点点地加水将粉稀释揉成面团，大约揉搓到耳垂的柔软程度即可。

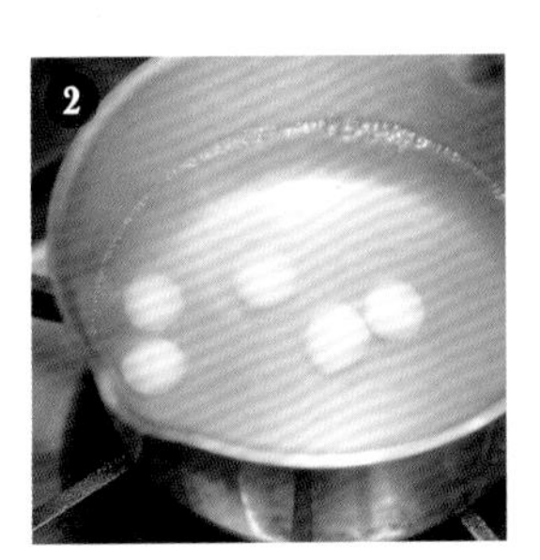

将圆形的白玉汤圆煮熟，浮起后继续熬煮约 10 秒再捞出来。照片为 P83 页的“莲见刨冰”使用的白玉汤圆。“双色金时刨冰”用的白玉汤圆呈扁平状。

盛盘

容器里盛装好冰，浇上 3 小勺红豆馅，再摆上 3 个白玉汤圆，白玉汤圆直接接触冰会变硬，建议摆在红豆馅上，然后像盖上盖子一样再浇上 1 小勺红豆馅。

在冰的一半淋上和三盆糖糖浆（右），另外一半淋上白下糖糖浆（左）。

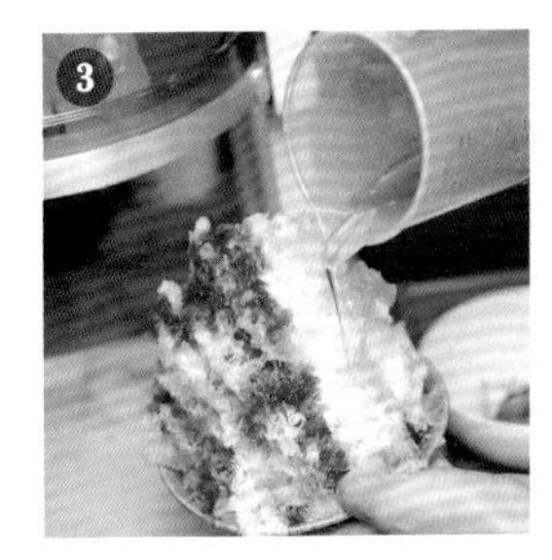

继续堆叠冰，并以同样方式淋上各半边的和三盆糖糖浆和白下糖糖浆，这样的步骤重复两次。

材料

●和三盆糖糖浆

和三盆糖糖浆和水…比例为 2：1

●白下糖糖浆

白下糖和水…比例为 2：1

●白玉汤圆

白玉粉、水…各适量

白下糖糖浆、和三盆糖糖浆…各适量

红豆馅…4 小勺

白玉汤圆…3 个

冰…适量

颗粒红豆馅

将北海道出产的大纳言红豆事先在水中浸泡一晚，换 3 次水后和白砂糖一起熬煮。刨冰用的馅虽然不用像全熟的一样软烂，但还是建议将红豆馅煮软一些。

莲见刨冰

用淡红色的牛奶糖浆来表现莲花。容器中加入了银耳莲子汤，既有栗子般的香甜松软热乎乎的味道，又有银耳莲子的黏糯顺滑，多样化的口感让人怎么吃也不觉得腻。

莲子银耳汤的制作方法

将干燥莲子放入碗中，加入砂糖水没过莲子，静置一晚泡涨（照片右侧为放置一晚后的状态）。莲子中间的深色胚芽带有苦味，要事先取出。

将莲子倒入锅里，加入没过莲子的水（分量外）和白砂糖，加热熬煮至莲子变软。一边熬煮一边撇出浮沫。

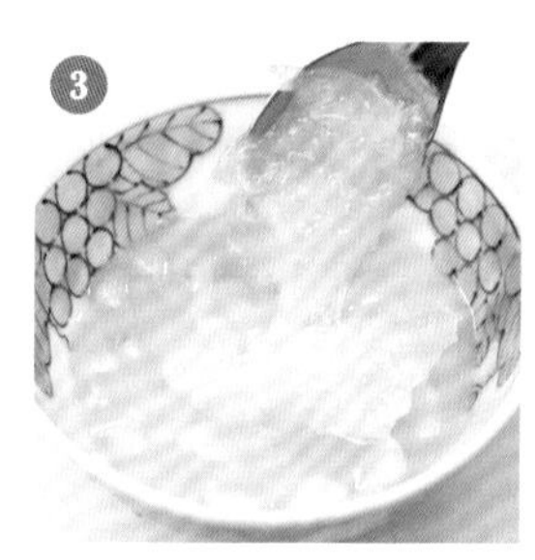

加热完成后舀约150毫升莲子汤，加入1大勺银耳。在锅里加入水和白砂糖（2∶1的比例），煮至沸腾后将事先去除蒂头的银耳放入锅里，继续熬煮约1小时，煮至黏稠。

牛奶糖浆（莲见刨冰用）的制作方法

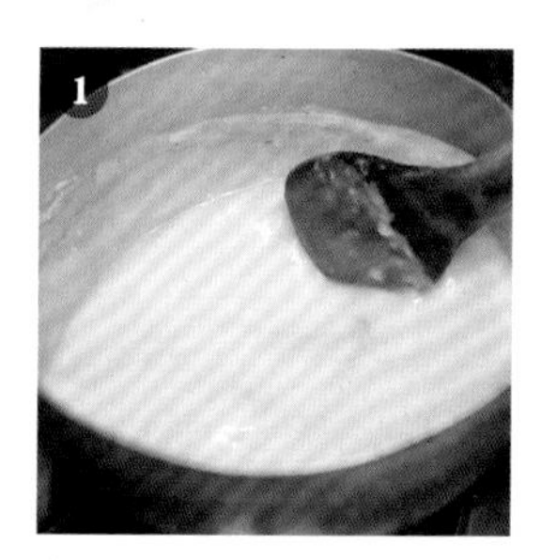

在锅里倒入娟姗牛奶和细砂糖，小火熬煮2小时左右。

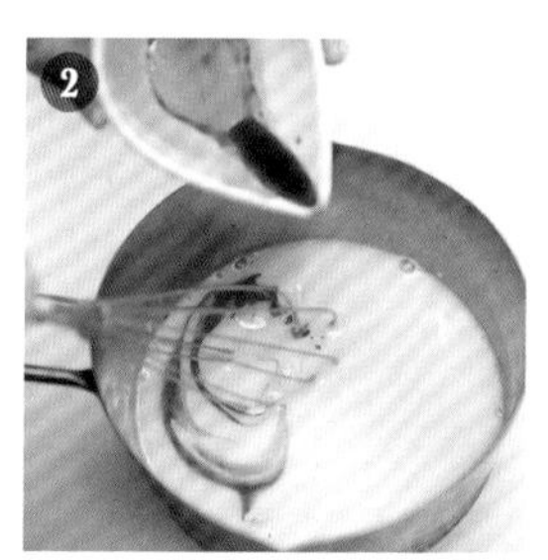

加入事先用水溶解过的食用色素，充分搅拌均匀。

盛盘

在容器中倒入莲子银耳汤，加入牛奶糖浆。接着往上堆叠冰（切记冰块要在使用前10分钟拿出来置于常温中备用）。

浇上牛奶糖浆。

继续堆冰并浇淋牛奶糖浆，最后放上白玉汤圆作为装饰。

材料

●莲子银耳汤

- 莲子…适量
- 砂糖水…水和白砂糖1∶1
- 白砂糖…和干燥莲子同分量
- 银耳…150毫升的莲子银耳汤放1大匙

●牛奶糖浆

- 娟姗牛奶…1升
- 细砂糖…460克
- 天然食用色素（红曲粉末）…适量
- 莲子银耳汤…150毫升
- 牛奶糖浆…适量
- 白玉汤圆…5个
- 冰…适量

莲子

在江户时代，人们在赏樱花后，就开始兴致勃勃地赏莲花，基于这样的风俗习惯于是就命名为“莲见刨冰”。

胡萝卜刨冰

把含糖量高的大阪产的名为“彩誉”的胡萝卜做成胡萝卜泥和胡萝卜太妃糖，和刨冰搭配在一起。再配上葡萄柚，口感更加顺滑且清爽。

胡萝卜泥的制作方法

把胡萝卜去皮后切成薄片，上锅蒸 5～6 分钟。

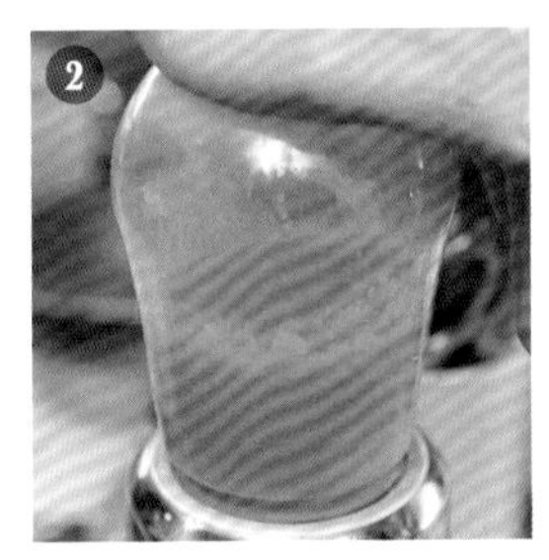

将煮熟变软的胡萝卜和白砂糖一起倒入果汁机中，搅拌成泥状。

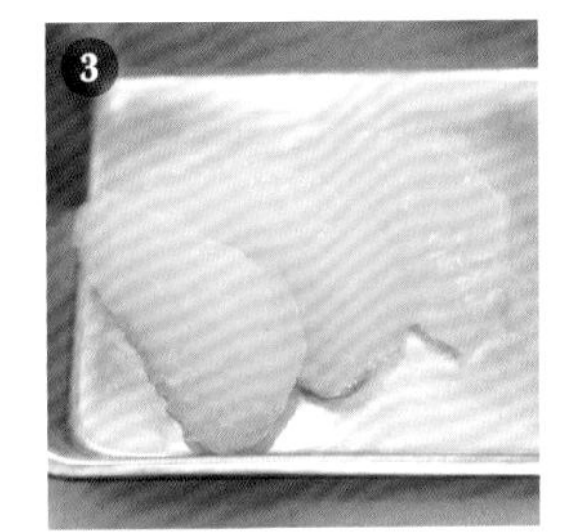

将②和切好的葡萄柚果肉、果汁混合在一起，搅拌至保留部分果肉的程度。

胡萝卜太妃糖的制作方法

在锅里倒入胡萝卜泥（尚末加入葡萄柚的②状态）和牛奶糖浆，开小火熬煮 20 分钟左右，一边熬煮一边不停搅拌。图片为熬煮后的状态。

在锅里再倒入 1 升的娟姗牛乳和 460 克细砂糖，继续熬煮 2 个小时左右。

盛盘

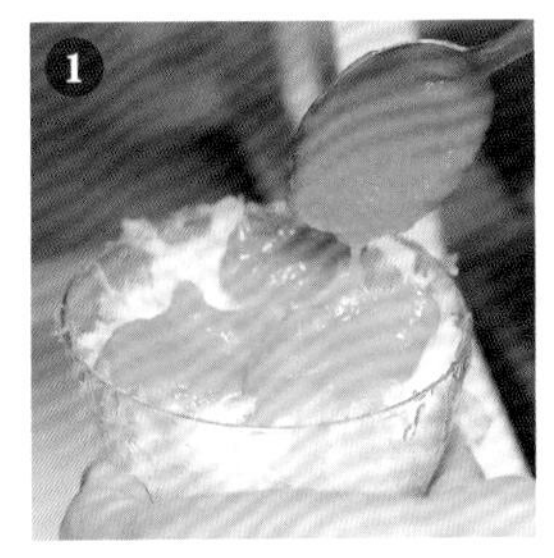

在容器里盛装，淋上 3 大勺胡萝卜泥。

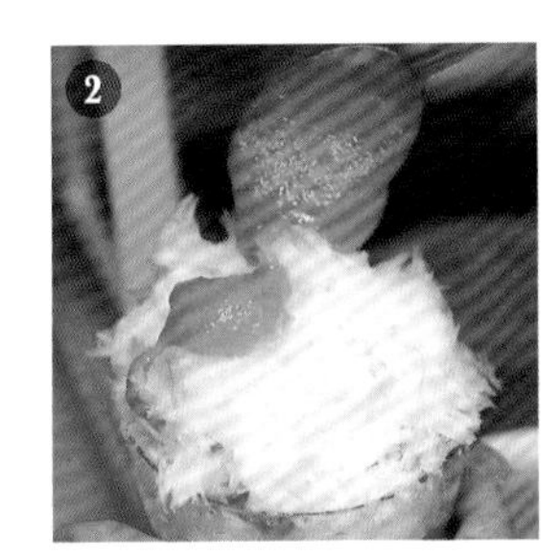

把冰堆叠在上面，再舀 3 大勺胡萝卜泥淋在上面。

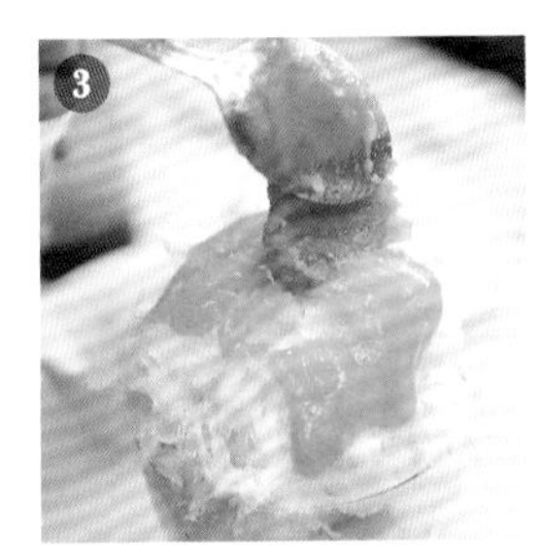

继续堆叠冰片，再淋上 2 大勺胡萝卜泥和 1 大勺胡萝卜太妃糖。

材料

● 胡萝卜泥

胡萝卜…1 根

葡萄柚（去皮和白色细丝）…胡萝卜的 1/3 分量

葡萄柚汁…适量

白砂糖…胡萝卜的 1/3 分量

● 胡萝卜太妃糖

胡萝卜泥和牛奶糖浆…2：1 的比例

胡萝卜泥…8 大勺

胡萝卜太妃糖…1 大勺

娟姗牛奶…1 升

细砂糖…460 克

限量柑橘类刨冰

柑橘类水果日新月异，图片中为伊予橘、甜春橘柚、金橘和柚子混搭的刨冰。

用新鲜果肉制作糖浆，在容器中盛装四五种新鲜柑橘。

有些品种需要事先剥皮，以便于入口，满满的果汁和果肉，让嘴里心里都甜丝丝的，所以很受欢迎。

伊予柑糖浆的制作方法

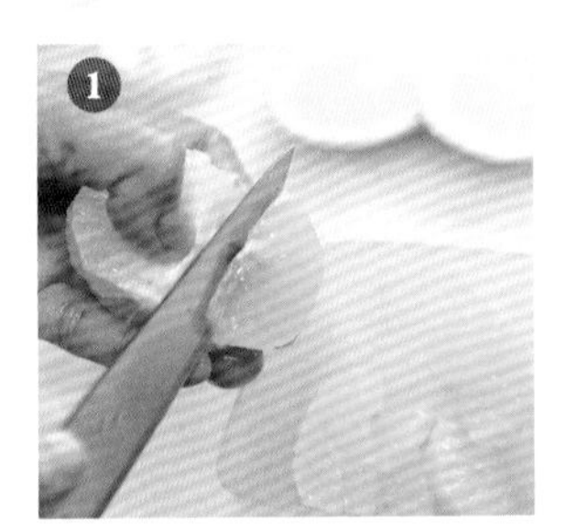

伊予柑去掉外皮和白色筋络，将果肉放入容器中。在果肉上撒上和三盆糖和细砂糖，并淋上果皮挤出来的果汁。静放置一段时间后果肉中会有水分出来（A）。把 A 放进保鲜袋中冷冻。甜春橘柚糖浆也是使用同样的方法制作。

上图为解冻好的伊予柑糖浆的状态。各种柑橘应当季购买，用同样的方法制作后冷冻。在需要的时候解冻，无论什么时候都可以有纯果汁使用。

材料

●伊予柑糖浆

- 伊予柑（去皮和白色筋络）…半个
- 砂糖（和三盆糖和细砂糖）…伊予柑的1/3 分量，和三盆糖和细砂糖各占一半

●甜春桔柚糖浆

- 甜春橘柚（去皮和白色筋络）…半个
- 砂糖（和三盆糖和细砂糖）…甜春橘柚的1/3 分量，和三盆糖和细砂糖各占一半
- 伊予柑糖浆…伊予柑半个分量
- 甜春橘柚糖浆…甜春桔柚半个分量
- 金橘糖浆…金橘 2 个，糖浆适量
- 柚子…1 瓣（去皮和白色筋络）
- 冰…适量

盛盘

一次性削出可以装一满碗的冰，浇上大量柑橘果汁（糖浆）。

在 1/3 面的冰上浇淋伊予柑糖浆，然后放上伊予柑果肉。

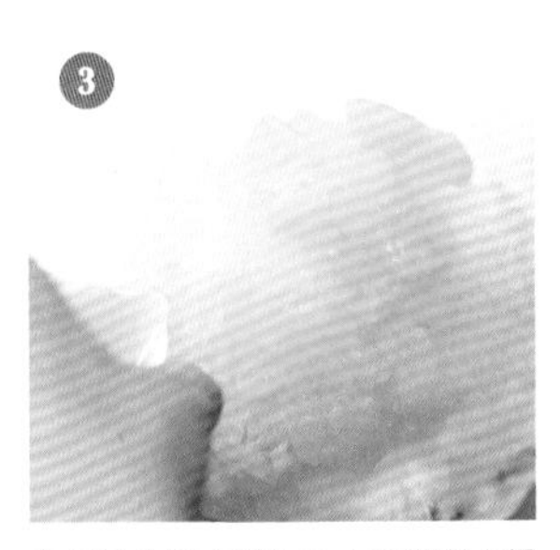

在另外 1/3 面的冰片上浇淋甜春橘柚糖浆，同样放上甜春橘柚果肉。

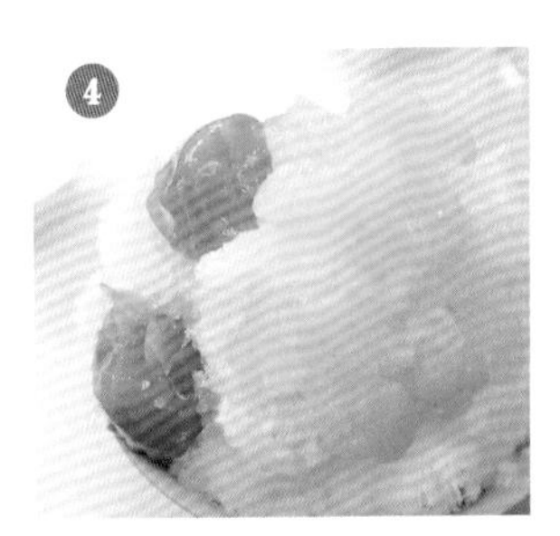

在最后剩下的 1/3 面的冰上浇淋金橘糖浆，并放上糖渍金橘。最后在顶端摆上一瓣柚子作为装饰。

制作要点

柑橘类的糖浆是使用和三盆糖制成的。金橘是将里面的籽取出，熬煮至适当的软度，加入和三盆糖溶解的砂糖水中浸泡而成。

六花刨冰

南瓜刨冰

南瓜刨冰在秋冬两个季节供应，是深受女性欢迎的冰品之一。
为了体现南瓜的明亮鲜艳的颜色，去皮时要格外注意。
上桌时再附上微苦的焦糖糖浆，味道的变化也让人乐在其中。

南瓜酱的制作方法

将南瓜的籽和瓤用勺子挖掉，切成适当大小备用。这里使用的是口感松软的栗子南瓜。

将南瓜放入耐热容器中，淋上一点水防止干燥。盖上保鲜膜，用微波炉中火加热 4.5 分钟使南瓜变软。

将南瓜去皮。为了保留南瓜的鲜艳色彩，要削掉绿皮部分。

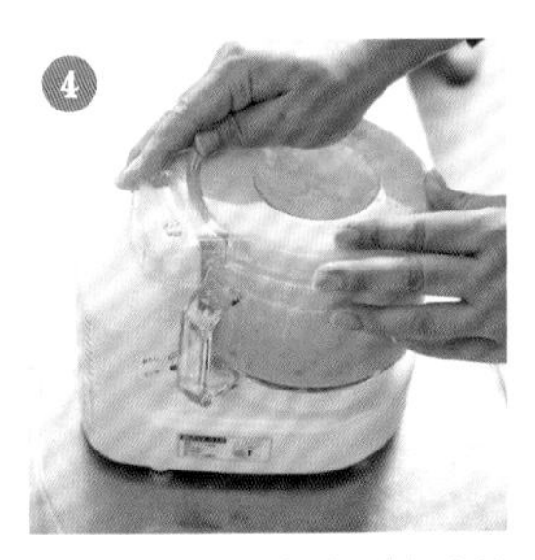

在料理机中倒入南瓜、牛奶和炼乳，搅拌至南瓜呈泥状。

将南瓜泥倒入细筛网中，用刮刀轻轻按压过筛。

过筛后的南瓜泥吃起来更加细腻，与冰一起的口感堪称绝配。南瓜泥可放在冰箱冷藏保存。

盛盘

在容器里装入同高度的冰，整体淋上牛奶糖浆，并浇上满满的南瓜酱。

继续堆冰，淋上满满的牛奶糖浆。以同样的方式继续堆冰如一座小山，再淋上一些牛奶糖浆。

最后用汤勺舀取南瓜酱在冰的上方，再用南瓜籽装饰。

材料

●南瓜酱

栗子南瓜…450 克
牛奶…225 克
炼乳…150 克

●焦糖糖浆

细砂糖…300 克
水…45 毫升
热水…250 毫升

南瓜酱…适量
牛奶糖浆…适量（制作方法请参照 P93）
南瓜籽（烘焙）…约 10 颗
冰…适量

焦糖糖浆

上桌时另外附上的奶糖糖浆也是店里自制的。平底锅里加入细砂糖和水，加热至上色且闻到香味后关火，加入热水。用木铲搅拌，冷却备用。

金橘刨冰

金橘刨冰使用甜度高、香味浓的宫崎县产的金橘“玉玉”，是每年二三月才有的季节性冰品，由于使用了除种子和蒂头以外的所有材料，因此能充分享受到柑橘特有的微酸和微苦的滋味。

金橘糖浆的制作方法

将金橘的蒂头去掉，纵向切成两半。

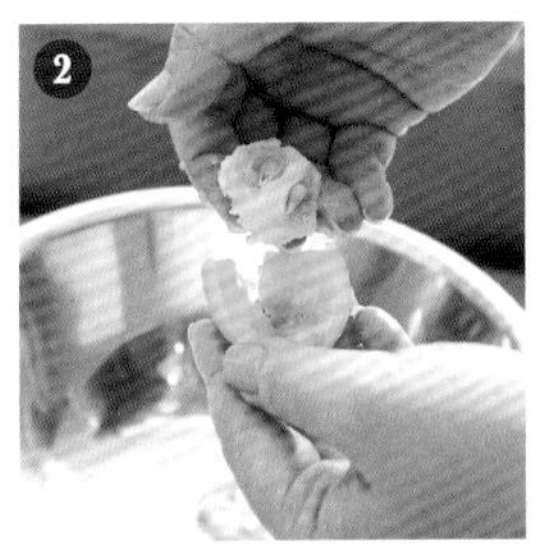

将金橘的筋络和籽用手指挖出。

在平锅里倒入处理好的金橘，然后加入细砂糖和水。

大火加热至沸腾后转小火，边搅拌边煮约 30 分钟。

熬煮至觉得有些黏稠并且容易撒在冰上即可关火，待冷却后会更加黏稠。

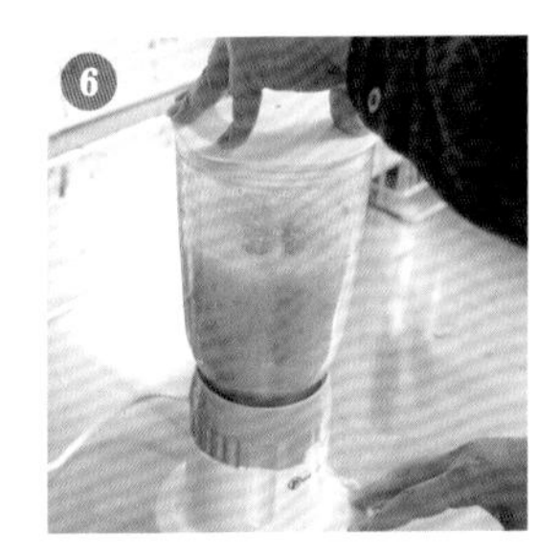

稍微放凉后，倒入果汁机中搅拌，不要完全搅拌成泥状，保留一些果肉。装在密封盒中，放入冰箱冷藏保存。

盛盘

装入和容器同样高度的冰，整体浇上牛奶糖浆，并在中间淋上满满的金橘糖浆。

再次堆冰，淋上满满的牛奶糖浆。然后继续堆冰如一座小山，再淋上一些牛奶糖浆。

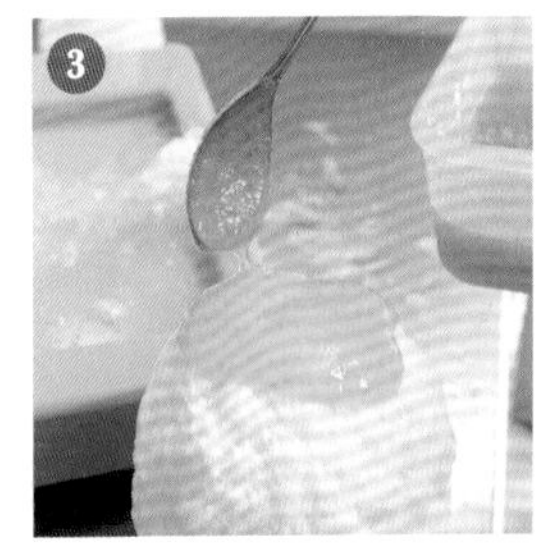

用汤勺舀上满满的金橘糖浆淋在最顶端即成。

材料

●金橘糖浆

金橘…450 克

细砂糖…200 克

水…500 克

牛奶糖浆…适量（制作方法请参照 P93）

金橘糖浆…适量

冰…适量

牛奶刨冰

作为基础的人气刨冰，只用牛奶糖浆也非常美味。
有着浓厚炼乳甜味的糖浆，还有留在唇齿间的回味是这款刨冰最大的魅力。
为了能尽情地品尝牛奶刨冰，淋上满满的令人回味的牛奶糖浆是最关键的。

牛奶糖浆的制作方法

在雪平锅里加入牛奶和炼乳。

加入细砂糖。夏季的分量是甜味的 75 克，冬季是 90 克，根据季节来调整细砂糖的用量。

在加热过程中，一边用木铲搅拌，一边用大火加热熬煮七八分钟。刚开始加热的时候容易焦掉，所以要特别注意。

熬煮至砂糖完全溶解后，关火冷却备用。

将牛奶糖浆倒入调味瓶中，置于冰箱冷藏保存。虽然名为“牛奶刨冰”，但淋上大量牛奶糖浆时，仍要保留部分清冰。

盛盘

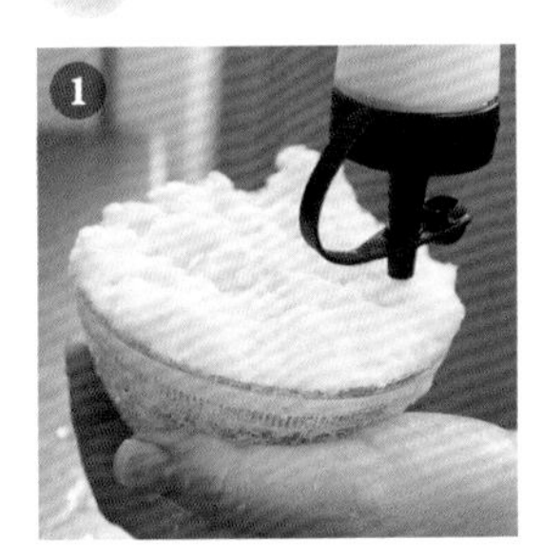

装入同容器同样高的冰，将牛奶糖浆整体淋上。

往上堆冰，并淋上满满的牛奶糖浆。

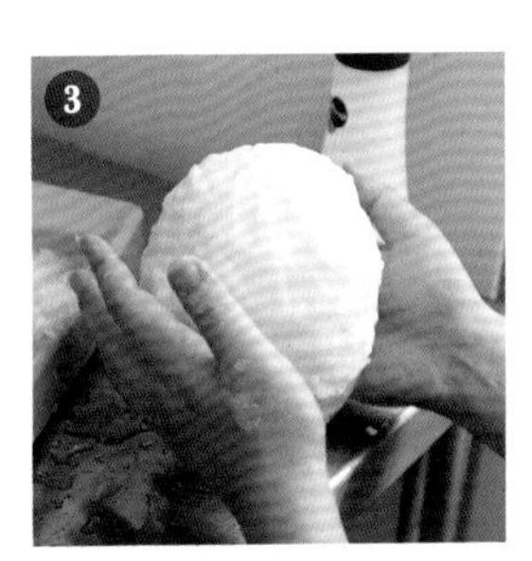

继续堆冰如一座小山，稍微用手调整一下形状，再淋上牛奶糖浆。

材料

●牛奶糖浆

成分无调整牛奶冰…1 升
炼乳冰…1000 克
细砂糖冰…夏季 75 克、冬季 90 克
牛奶糖浆…适量
冰…适量

刨冰机与冰块

理想的冰是以手触摸时，表面带有“水”感的 -4 ～ -5℃的状态。

杏仁牛奶刨冰（附上随季更替的糖浆）

制作牛奶糖浆的过程中加入了大量杏仁霜的美味冰品。
随着冰的融化，就会出现柔软的杏仁豆腐，口感的对比也非常有趣。
另外随盘会附上各种随季节变化的美味糖浆。

杏仁牛奶糖浆的制作方法

在平底锅里倒入牛奶和炼乳。

加入细砂糖和杏仁霜。为了保留清爽感，夏季会减少细砂糖的用量，冬天则会为了提高甜度而增加用量。

开大火加热 7 ～ 8 分钟，加热过程中不断用木铲搅拌以免烧焦。待细砂糖溶解后关火，稍微放凉并置于冰箱冷藏保存。

材料

●杏仁牛奶糖浆

牛奶…1 升

炼乳…1000 克

细砂糖…夏季 75 克、冬季 90 克

杏仁霜…7 大勺

杏仁牛奶糖浆…适量

杏仁豆腐…3 ～ 4 汤勺

枸杞子…3 颗

冰…适量

盛盘

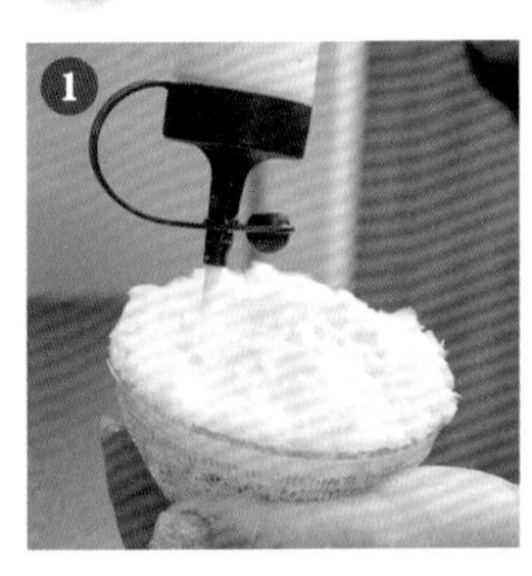

装入同容器一样高的冰，将杏仁牛奶糖浆整体浇上。

往上堆冰片，稍微整形后再浇上一些杏仁牛奶糖浆。

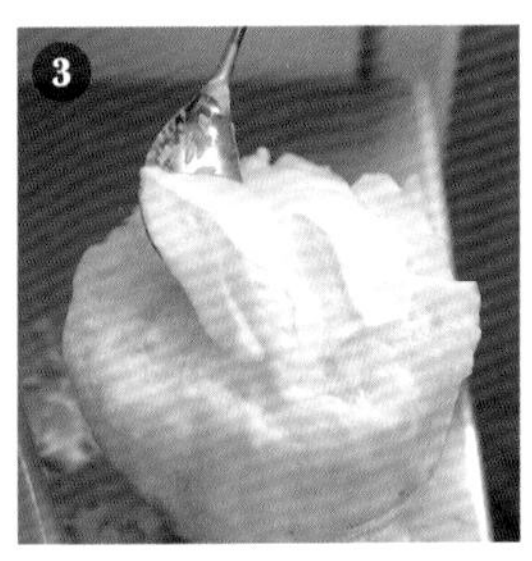

用大汤勺舀取满满的杏仁豆腐置于顶端。

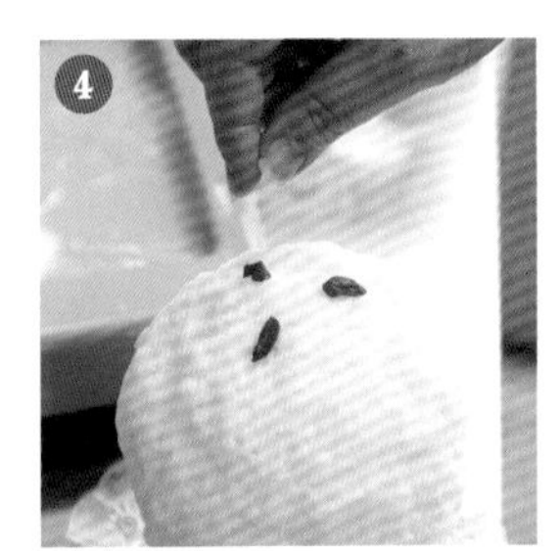

继续堆冰，并用手整形，淋上大量杏仁牛奶糖浆后再放上几颗枸杞子加以点缀。

季节性糖浆

按照季节不同而附上不同的糖浆，除了图片上的草莓外，还有桃子、蜂蜜柠檬、综合莓果等糖浆。

店铺信息

01 Adito

地址： 东京都世田谷区驹沢 5-16-1 **TEL:** 03-3703-8181
营业时间： 12:00～24:00（L.O.23:30） **休息日：** 周三（节假日正常营业）

2002 年在东京·驹泽的住宅区开张。空间舒适，有美味的纯手工料理，以当地客人为主。后来开始提供刨冰餐点，招牌冰甜酒牛奶刨冰全年供应和季节性商品两种。使用新鲜食材自制糖浆，不破坏刨冰的清凉感，朴素而简单的好滋味深受客人的欢迎。

工作人员
日野彰三先生

02 Café Lumière

地址： 武藏野市吉祥寺南町 1-2-2 东山大厦 4F **TEL:** 042-248-2121
营业时间： 12:00～20:00 **休息日：** 不定期休息

作为具有特色精品咖啡店，2012 年在竞争激烈的吉祥寺车站前开张。从设计开发中诞生的“火焰刨冰”一经推出在社区网站上很快就成为热门话题，夏天旺季每天开店前，刨冰的预约登记本上就填满了预约品尝这道刨冰的客人名单，受欢迎的程度可见一斑。店里使用了许多蛋糕制作技术的刨冰，大量使用了奶油慕斯和冰激凌等作为配料或装饰，一碗刨冰内使用了 10 种以上的材料。

店长
丰川正史先生

03 komae café

地址： 东京都狛江市中和泉 1-2-1 **TEL:** 03-5761-7138
营业时间： 9:00～18:00 午餐营业，18:00～21:00 咖啡店营业 **休息日：** 星期三

2015 年 10 月开张。对小孩很友好的店铺，所以吸引了很多当地人。坚持选择使用安心安全又好吃的美味食材也很重要，使用农家直接送来的水果和自家农场栽培的无农药有机蔬菜等。刨冰的酱料、糖浆也使用了这些新鲜食材纯手工制作。刨冰餐点全年提供，大概准备了约有 17 种之多（冬季约 8 种）。在尼子玉川和台场的分店里则仅在限定期间贩卖刨冰。

店长
山田优希小姐

04 BW cafe

地址： 东京都新宿区大久保 2-7-5 共荣大厦 1F **TEL:** 03-6278-9658
营业时间： 平日 11:30～16:00、17:30～23:00 周六及节假日 12:00～22:00
休息日： 星期日

这家店的目标是建立一个适合单身女性的咖啡厅。从新大久保大路进来即可到达店里。自 2014 年 12 月开业以来，获得了不少女性顾客的支持，现在的客户群体中约有八成客人是女性。因此，对设计的开发也没有杂念，致力于更多新的甜点，3 年前开始推出夏季的刨冰。独创的荞麦茶刨冰在店里很受欢迎。

店长
铃木雅和先生

05 Dolchemente

地址： 埼玉县川口市领家 3-13-113 维也纳 1F **TEL:** 048（229）3456
营业时间： 10:00～19:00 **休息日：** 星期二

作为老板糕点师的石田英宽因专业甜点师的身份出名，于 2011 年在当地开张营业。出自甜点师之手的刨冰十分重视新鲜度，不仅使用新鲜水果，也用非加热的方式处理酱料，所有刨冰配料都是现点现做。夏季限定产品从 2015 年开始提供，人们在店铺的长凳上享受冰品，已然成为夏季特有的风景。

老板糕点师
石田英宽先生

06 吾妻茶寮

地址: 爱知县名古屋市中区大须 3-22-33 **TEL:** 052（261）0016
营业时间: 夏季 11:00～19:00（周末节假日营业至 19:30）、冬季 11:00～18:30（周末节假日营业至 19:00）※ 最后下单时间为闭店前 30 分钟 **休息日:** 星期二（节假日・夏季营业）

明治 45 年（1912 年）创立的和果子店“吾妻堂”。店里的果子甜点坚持以传统制作工艺融合现代文化创意。店里的刨冰活用和果子素材，并率先以慕斯泡沫作为点缀，一经推出后抢眼的视觉效果立即成为社群网站的热门话题。店里都是使用老板每天早上到市场采购的新鲜水果，这也是刨冰大受欢迎的原因之一。

老板
曾田隼先生

07 ANDORYU

（おんどりゅ本店）地址: 爱知县名古屋市中区大须 3-30-25 合点承知大厦地下 1 楼
“BAR2 世古 with おんどりゅ” 地址: 爱知县名古屋市中区大须 2-27-34 大须马歇尔 1F（共用） **TEL:** 090-4216-0069 **营业时间:** 11:00～20:00
休息日: 星期二（最新营业时间、休息日请至各店 twitter 查询）

本店只销售刨冰，如果想要同时用餐、饮酒、享受钓鱼之乐，可以前往 2 号店。号称“30 秒内最美味的”刨冰，使用的是让冰饱含空气的高超切削技术与盛盘方式。店里不仅开发使用当季食材制作的糖浆，还以非常亲民的价格供应所有冰品。

老板
泽幡升志先生

08 kotikaze

地址: 大阪府大阪市天王寺区空清町 2-22 **TEL:** 06（6766）6505
营业时间: 9:00～18:00（L.0.17:30） **休息日:** 不定期休息

在大阪的高级日本料理店学习料理和日式点心的近藤郁小姐于 2005 年开了这家日式咖啡店。从应季节的生点心到午餐的松花堂便当再到刨冰素材，每一种都坚持亲自手工制作。刨冰是在关西开始盛行之前提供的。因为回头率高，所以“为了让客户总能有新鲜感”，刨冰的种类一直在增加，鼎盛的时候仅刨冰就有近 60 几种。每年 4 月至 10 月供应刨冰。

店长
近藤郁小姐

09 六花刨冰

地址: 兵库县神戸市长田区駒林町 1-17-20 **TEL:** 070-5340-7098
营业时间: 12:00～18:00 **休息日:** 星期二、星期三

以政府要解决神户・新长田的六间道商店街的空店铺问题为契机，2015 年“六花”正式开始营业。自家纯手工制作的糖浆能让客人充分享受不同季节的味道。很多菜单都是以牛奶糖浆为基础，冰品共有 15～20 种之多，所有冰品都是由店主一个人亲自采购，所以部分水果系列的刨冰只能限量供应，但基本上一定可以吃得到“牛奶刨冰”等固定招牌冰品。

工作人员
奥野友美子小姐

人气刨冰店的御用刨冰机！

用“BASYS”切削出像蛋糕一样松软绵密的冰激凌刨冰

协助取材店铺
世外桃源
Sebastian
☎ 03-5738-5740
地址：东京都涩谷区神山町 7-15 白海姆大嵩 102/ 营业时间：平日 13:30 ～ 17:00
周六、周日及节假日 11:00 ～ 17:00

刨冰使用不同的刨冰机也会制造出不同外观与口感。在每天卖出 400 杯的超人气刨冰店“Sebastian”（东京涩谷区）是使用什么样的刨冰机呢？现在就带大家来一探究竟。

刨冰让人联想到蛋糕，很多客人都对其口感感到惊讶。在嘴里能一直保持着松软绵密的口感，而且为了不让冰碎掉，涂抹鲜奶油时需要非常专业的技术。

夏季，位于东京涩谷区的“Sebastian”是一家每天可以卖出 400 杯刨冰的人气刨冰店。正是店主本人川又浩先生确立了蛋糕般外观的“多奇冰”类型的刨冰。川又浩先生说：“在向刨冰上涂鲜奶油的时候，如果把冰紧紧地压住，就会很稳固和紧密，不会崩塌，但是口感会变差。为了保持刨冰的蓬松感，需要特别注意使用的果汁酱料、鲜奶油、装盘、装饰物等所有的细节。”

如果想要把冰堆叠成小山一样的形状，一开始要将冰切削得稍微厚一些，再将上方的冰削薄，同时随时视情况调整冰的厚度。

草莓白巧克力鲜奶油蛋糕刨冰

1

用蛋糕模具盛冰，淋上 2 种酱料，重复 3 次，轻轻敲打模具底部将空气排空。

2

将表面多余的冰刮掉。为了避免冰在倒扣时塌落，可以用抹刀快速抹平表面。

3

将鲜奶油涂抹于表面，在上面撒上糖粉、莓果等加以装饰。

完成！

刨冰、有酸味的草莓糖浆和白巧克力。3 层美味为了让冰的蓬松感更好地保留下来，还要精心计算一下鲜奶油的乳脂肪分量。

草莓烤布蕾刨冰

1

将冰盛装在耐热陶制容器中，淋上 2 种酱料，重复 3 次后，将表面多余的冰刮掉。

2

淋上卡仕达酱、蛋白霜和蔗糖，再用喷枪快速烤成焦糖。

制作要点

蛋白霜可以使冰片不易融化，保持松软的状态。

完成！

将刨冰与法式传统甜点结合。刨冰、卡仕达酱、草莓果粒果酱，一次享受多层美味。铺上蛋白霜和蔗糖，再用喷枪烧成焦糖。

USER' S VOICE

店长

川又浩先生

不用介意容器的大小和冰的高度，可以随心所欲地制作理想的刨冰！

长支架脚的刨冰机最适合用来制作堆叠得像一座小山形状的刨冰。另外，因为旁边没有支架脚，一边转动容器一边切削冰片且可以盛装更多的冰片，使得工作也很顺利。刨冰机的刀刃也很锋利，能实现我心中理想的轻飘飘松软的口感。

采访制作意式冰激凌达人——根岸清先生

使用冰砖刨冰机“BASYS”开发软绵绵口感的日式刨冰的要点

我们采访了根岸清先生，
请他谈谈他如何使用冰砖刨冰机“初雪 · HB600ABASYS”制作现在最为主流的“松软刨冰”，
以及开发新菜单要关注的问题。

根岸清先生

根岸先生过去只使用过小冰块刨冰机，冰的颗粒虽然粗却具有十足的清凉感。这次特别请根岸先生使用 CHUBUCO-RPORATION 股份有限公司生产的“BASYS 电动冰块切片机”，实际感受不同于小冰块刨冰机切削出来的冰的质感，经过试验后，根岸先生有感而发地说：“真的感觉到了刨冰机的技术进步。”

根岸先生表示“只要打开开关，就能非常容易地切削出现在最受欢迎的松软口感的刨冰。而机器的卫生方面很重要，这台刨冰机的侧拉式保护盖设计，不仅能有效阻挡外界污染源，还能轻松将保护盖拆下来清洗。虽然没有花哨的设计，但十分好清理这一点让人用起来格外放心”。

小冰块刨冰机只能将冰切削得粗一些，但“BASYS”刨冰机则是通过操作调整“刀片旋钮”来自由地控制冰的切削粗细。利用这个特性，如夏季要将冰切削得粗一些，在炎热时能够保留刨冰入喉的畅快感，而冬季则要切削得又细又软，再浇淋一些香浓牛奶糖浆，配合季节转换，还可以开发出符合季节变化的新菜单。

此外，与粗冰片相比，软绵绵的刨冰还可以实现低成本。“如果削得粗一点的话，冰的重量就会增加，所以需要很多糖浆。但是软绵绵的冰很轻，糖浆的使用量很少。如果能巧妙地选择低成本且质量优良的材料，就能在降低成本的同时提高商品价值。”

以此为出发点，根岸先生开发出如图所示的两种新品刨冰。其中“杏仁刨冰”是用借助杏仁霜制作的糖浆来表现杏仁豆腐味道的中式风格刨冰。而“酒粕刨冰”则是利用酒糟做成的日式风味刨冰。这两种冰品都用了牛奶糖浆的质感和蓬松的冰，比起使用新鲜水果，成本更低。

使用商用机器制作具有店铺特色的刨冰，我想这肯定是可以和其他店相区别，也是菜单的新魅力。另外，刨冰有助于使味蕾归零，所以除了刨冰专卖店和咖啡店之外，中餐店和日本料理店也应该研究一下将刨冰列入菜单中。

杏仁刨冰

将使用牛奶、细砂糖、脱脂牛奶、杏仁霜制作的糖浆淋在冰上，再放几颗枸杞子和几块菠萝加以装饰。既能享受杏仁豆腐般的美味，唇齿间还留有冰凉清爽的舒畅感。一次切削好几人份的冰，再分装成数盘，作为中餐的最后一道菜也很受欢迎。

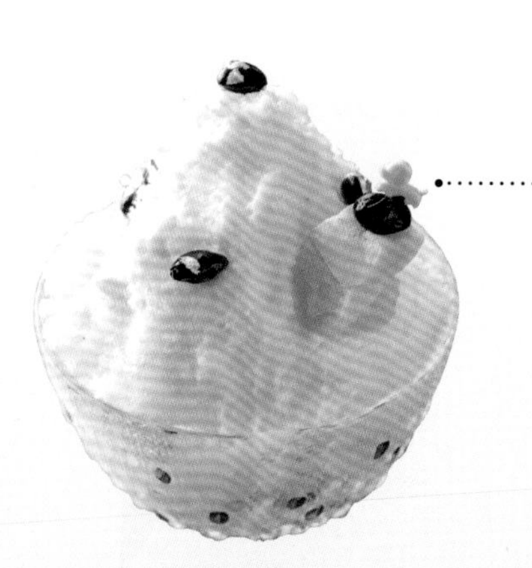

酒粕刨冰

在削得像雪花一样的冰之间和上面浇上用酒粕制作的浓厚糖浆，重点是用黑豆、金箔和生姜麻薯加以装饰。据说酒粕的香味在外国人中也很受欢迎。使用知名酒窖的酒粕有助于提高附加价值，而使用本地酒商的酒粕可以提高地域知名度。

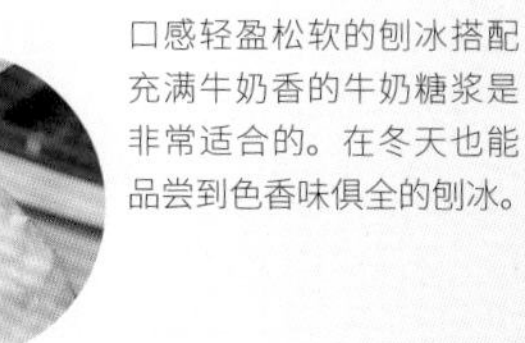

口感轻盈松软的刨冰搭配充满牛奶香的牛奶糖浆是非常适合的。在冬天也能品尝到色香味俱全的刨冰。

根岸先生表示，“可以清楚地看到削冰时的样子，盛装冰片时非常方便。因为优质且柔软的冰谁都能削掉，所以非刨冰专卖店使用也很有活力。”

二条若狭屋
（寺町店）
HYOUSHA MAMATOKO
CAFÉ&DININGBAR KASHIWA
第4章
排队店铺的百变刨冰
OISHII KOORIYA（天神南店）
宝石箱
KAKIGORI CAFÉ & BAR yelo
BETSUBARA
KOORIYA PEACE
WA KITCHEN KANNA

店铺
10

CAFÉ & DININGBAR KASHIWA

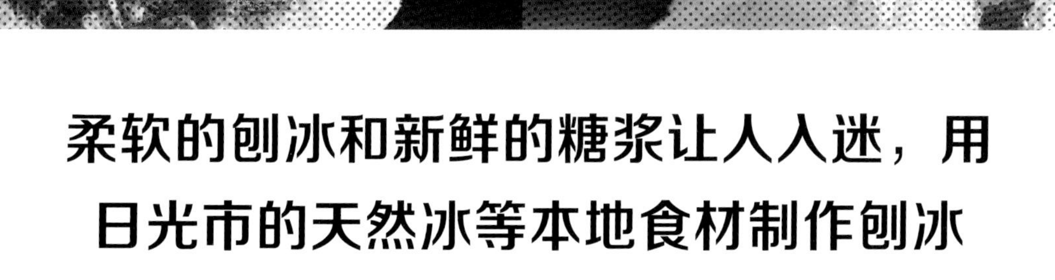

柔软的刨冰和新鲜的糖浆让人入迷，用日光市的天然冰等本地食材制作刨冰

位于日光市的“KASHIWA（珈茶话）”刨冰，店里的刨冰主要是使用当地产的食材。该店的第二位老板柏木纯一先生，以提高自己出生成长的日光这个地区的知名度为目标，通过咖啡店的工作带动本地产业的振兴。大约 10 年前开始出售刨冰也是为了传承当地的制冰文化。柏木先生在冬季会亲自前往天然冰制冰厂参观采冰作业。柏木先生说:“从事制作冰的工作，可以直接向每一位来店里的客人传达天然冰的价值和美味。”该店使用的“第四代德次郎”天然冰，冰块本身带有淡淡的甜味，再通过独特的冷冻技术，可以切削出既薄且口感松软的冰。

至于制作刨冰过程中绝对不可缺少的自制纯手工糖浆，则大量使用草莓、苹果、李子、蓝莓等栃木的农产品。虽然直接从农家进货的农作物难免有不整齐或过于成熟的情况，但绝大部分都适合用来制作糖浆，可以有效利用，不会浪费。

该店的刨冰种类相当多，从使用了应季的水果期间限定菜单到使用了西红柿和浓缩咖啡的调制冰品等。白天和夜晚供应的刨冰稍有不同，每个时间段大约准备 10 种，晚上的酒吧时间还推出了鸡尾酒刨冰等新口味。“每个年龄的人都能共同享受刨冰的美味，这也是它最大的魅力。我们希望能提供成为旅行回忆且充满日光气息的东西”，柏木先生立志于今后也将以“口感、卖相、美味”作为刨冰制作的目标。

使用鸡尾酒专用调酒杵将草莓捣碎，保留草莓的颗粒感。可以品尝到现做的新鲜感。

变化 1

新鲜草莓牛奶刨冰

使用枥木县知名的新鲜“枥乙女”草莓，只有从 12 月到次年 5 月才供应。在位于日光市的池田农园里直接采购草莓，在客人点餐后再开始制作。一杯一人份使用约 100 克的草莓，将草莓稍微捣碎后，再加上自制炼乳调制成草莓炼乳糖浆。自制炼乳使用的食材是对身体较为温和的甜菜糖与牛奶用小火慢慢煮制而成的。为了让大家享受冰和糖浆本身的味道，店里会以随盘附上一碟糖浆。而在盛产草莓的季节里，另外一款将两者结合在一起的“枥乙女酱”刨冰（全年提供），这是只有草莓季才能品尝得到的美味刨冰，每年都吸引了不少回头客上门。

在冰与冰之间加入浓缩咖啡，防止味道变淡。在调节刀刃旋钮的同时切削出长条状薄冰，有着绵密细腻的口感。

变化2

咖啡刨冰（和三盆糖）

这款与众不同的刨冰充分利用了店里引进的浓缩咖啡机。店里使用从枥木县内的一家自家焙煎咖啡店购入的深烘焙咖啡豆，通常会在客人点餐后才开始萃取意式浓缩咖啡，并利用冰块急速冷却作为刨冰的酱料使用。其他种类的刨冰大多附上糖浆或酱料，唯有咖啡刨冰为了让大家充分享受咖啡的浓醇味道，会先在容器底部和冰块之间淋上浓缩咖啡。因为浓缩咖啡完全没有甜味，所以会在上桌时另外附上店里自制的和三盆糖糖浆或炼乳（二选一）。刚萃好的咖啡所散发的浓醇香气，搭配和三盆糖的高级甜味是吸引顾客再三上门的独家秘诀，广受好评。由于追求优质和高级感，虽然单价高，但“新鲜草莓刨冰”和“咖啡刨冰”都是店里相当受欢迎的爆品。

只有使用成熟的番茄和甜菜糖制作，才能呈现完美红色的“番茄糖浆”。自然的甘甜味衬托出天然冰自带的清甜美味。

变化3

番茄刨冰

使用富含茄红素等营养素的番茄所制作的健康感十足的刨冰。主要使用在日光下自然成熟的番茄，质量好且酸度小，连皮一起煮，并搭配甜菜糖一起熬煮成糖浆。根据每个时期的番茄所含的水分和糖度的不同，糖浆的味道也会有变化。但是，“农作物的味道变化也是乐趣之一”，老板总是本着尊重当下的味道的初心制作出体现不同时期的好滋味的糖浆。利用食材的简单味道调制出像蔬菜一样温和的甘甜味，让人很容易“上瘾”，且能培养出忠实的粉丝。供应时间为每天的 11 点至 17 点。

使用香气迷人的“Courvoisier VSOP Rouge”。将酒精浓度控制在10%左右，然后加入自制炼乳调和在一起。

变化4

亚历山大鸡尾酒刨冰

在一家设有酒吧柜台的店里，大约从1年前开始供应以“成人刨冰”为主题的4种鸡尾酒刨冰，作为鸡尾酒的延伸产品。在自制炼乳里加入一杯白兰地一起做成糖浆，配上鸡尾酒杯里的刨冰，浇上糖浆吃刨冰，冰融化后作为鸡尾酒来喝，可以享受到两种不同的方式。多数情况下女性会将其当作一款甜点，或是在聚会结束后来店里点这款刨冰。除此之外，还有咖啡香甜酒配炼乳的“卡鲁哇咖啡酒刨冰”、薄荷香甜酒配炼乳的“绿色蚱蜢刨冰”，以及贝礼诗香甜奶酒配炼乳的“贝礼诗刨冰”。鸡尾酒刨冰提供时间为每日17点至22点。

店铺
11
HYOUSHA
MAMATOKO

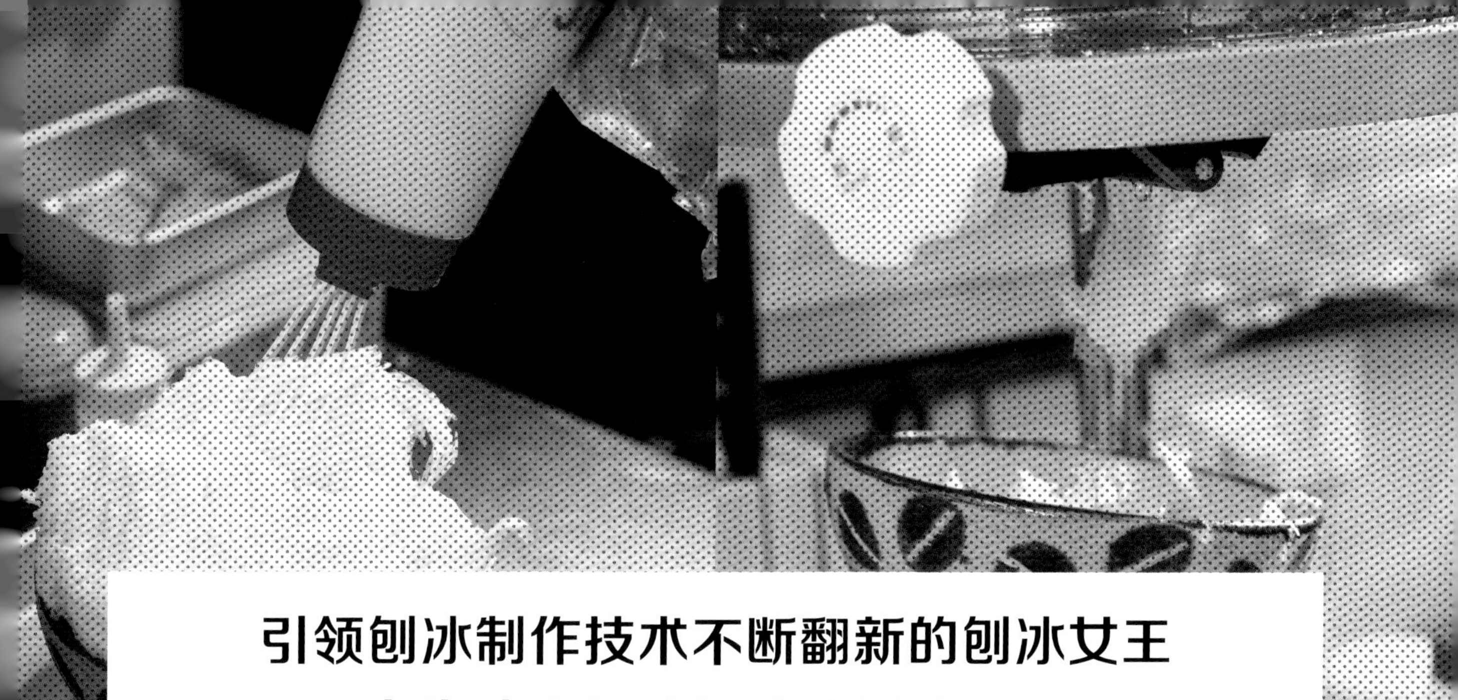

引领刨冰制作技术不断翻新的刨冰女王 专为成人打造极致的刨冰体验

老板原田麻子小姐原本只是喜欢吃刨冰，没想到却逐渐被刨冰深深地迷住了，完成租借他人店铺售卖刨冰的经验积累后，2016年终于在中野新桥开了一家属于自己的冰店，取名为“HYOUSHA MAMATOKO”。据说她现在仍然四处品尝刨冰，一年吃1600杯以上的刨冰，果真是名副其实的“刨冰女王”。经过原田小姐的不断努力，她经营的冰店开业没多久就已经成了人气店铺，特别是在情人节或圣诞节等这样特别的节日，最少要等3个小时以上。客人的目标都是原田小姐精心制作的软糯绵密的刨冰。原田小姐说“刨冰的真正主角是冰”。店里冰块的温度设定在−5°C以上，切削冰的时候要一边削冰一边关注机器的刀刃情况，这样切削出来的冰不仅外观美观，而且在入口时冰入口即化的口感也令人吃惊。酱料和糖浆尽量不使用砂糖，而是充分利用食材本身的味道，使冰的清甜口感更加突出。另外，店里使用高汤、酱油等来调制酱料，每年专为成人设计的冰品少说也有100多种。如这次为大家介绍的产品，原田小姐不仅和咖啡店、巧克力店合作，还会和制作店里原创刨冰器皿的冲绳工房合作举办活动，把原田小姐比作引领刨冰进步的刨冰女王一点也不夸张。

除了刨冰以外，在寒冷的冬天里店里才会提供的独家烹调的热汤，作为吃完多杯刨冰后的最后一碗汤很受欢迎。采访的当天，店里提供的是使用番茄制作的热腾腾的奶油焗饭热汤。添加了白味噌的热汤味道更加浓厚，即使在寒冷的日子里，只要来碗热汤也能温暖变冷的肚子，使身体瞬间暖和起来。

冰、生奶酪、冰、文旦酱、柚子皮、冰、文旦酱、冰、柚子皮，仿佛千层派那样将冰和各种酱料堆在一起。

变化1

文旦＋柚子皮＋生奶酪刨冰

将文旦柚连薄皮炖制而成的酱料，最初的第一口虽然感觉甜度不够，但是酸味、苦味、甜味之间达到了平衡，在吃的过程中可以品尝到食材本身的味道。另外，将文旦柚熬煮的时间控制在最短，因为当文旦柚与冰相结合的时候，文旦柚的风味会更加浓郁。店里使用的柚子皮出自鹿儿岛县以制作糖果闻名的“Botan Rice Candy”公司，将柚子皮长时间浸渍在香甜酒中腌制而成，充满香气与独特风味。而生奶酪则是在奶油里加入牛奶、鲜奶油、炼乳、砂糖、柠檬等制作而成的原创产品。使用无农药柚子制作的柚子皮具有调整口感和味道的作用。

黑巧克力酱搭配除牛奶以外的两种糖浆，虽然口中残留着明显的苦味，但口感非常温和。外观看起来有清爽的纹理，实现了与片在一起的和谐的视觉体验。

变化2

浓缩咖啡与黑巧克力双酱＋毛豆奶油刨冰

使用东京池袋“Coffee valley”的咖啡豆和东京三轩茶屋“CRAFT CHOKOLATE WORKS”的可可豆制作而成的综合巧克力刨冰。在浓缩咖啡的独特苦味中加上85%可可豆制作出巧克力糖浆，而毛豆泥可以中和这两种苦味。毛豆泥加上牛奶、炼乳、鲜奶油一起调制成毛豆奶油。双酱和毛豆奶油混合在一起，比起苦味，口感更柔和，是适合大人的味道。将容器按冰、浓缩咖啡酱、巧克力酱、冰、毛豆奶油、冰、浓缩咖啡酱、巧克力酱、毛豆奶油的顺序堆叠在一起，最后再铺一层绵软的冰。

在冰和酒粕奶油上面放上刚切好的鲜嫩的新鲜草莓，品尝松软的冰的同时，也能有更丰富的口感。

变化3

新鲜草莓与酒粕奶油刨冰

该店使用最具人气的酒粕刨冰搭配上新鲜的时令草莓。酒粕使用福冈的山口造酒厂制作的日本酒“院子里的黄莺”的残渣。酒粕的品种不固定，会根据当时的情况而变化。酒粕的奶油是将酒粕、牛奶、枫糖浆、砂糖等充分混合在一起，特意不经加热而做成的。淡淡的奶香味中有鲜明的酒粕味。取材当日，店里使用的是略带有酸味的“栃乙女”草莓。将草莓和两种糖浆稍微加热一下所制成的酱料，充满了草莓的浓郁香气。这家店里希望客人能在旺季品尝到当季最鲜美的食材，所以这款刨冰只在草莓的时令——冬季至初春限定供应。

刨冰和热巧克力的组合搭配精妙，曾经在社交网站上有大量关于冰逐渐融化的精彩景象的热烈讨论。

和冰很难搭配的巧克力，在这款冰品中实现了水乳交融，犹如打开了魔盒，让人兴奋不已。

变化4

情人节巧克力球刨冰

这是 2019 年情人节限定款刨冰之一。这款刨冰最大的特点是盘子中的球体刨冰。另外也因为使用平底盘，使这款刨冰与容器的接触面积尽量减小。在圆形的刨冰里加上覆盆子糖浆，整个冰上都撒上了杏仁坚果糖奶油，最后再覆盖上满满的可可粉。巧克力球是用可可含量 56% 的巧克力做成的，里面加入草莓酱的覆盆子（新鲜并且干燥的）果肉一起搅拌，再以添加八种辛香料的果干、坚果（用朗姆酒或蜂蜜腌制了半年）制作而成的自制百果馅。最后浇上热巧克力，这款刨冰简直是件艺术品。

KAKIGORI CAFÉ&BAR yelo

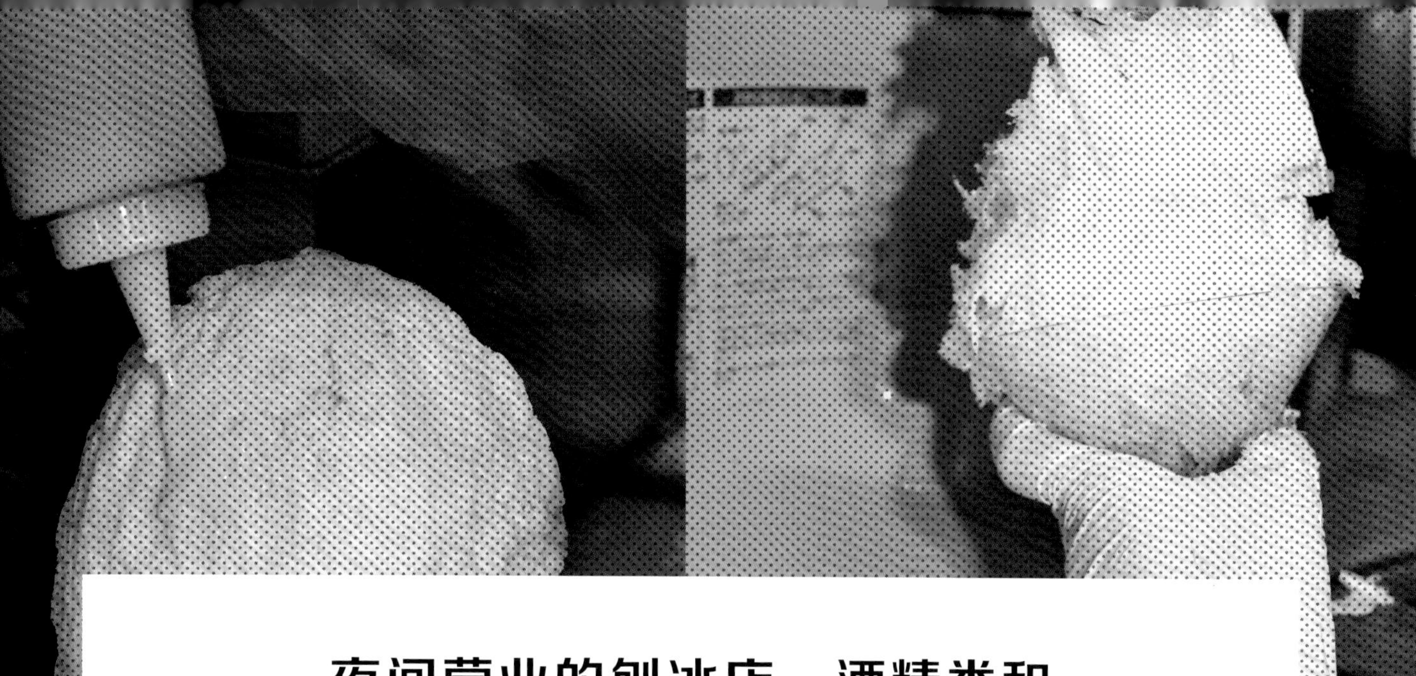

夜间营业的刨冰店，酒精类和雨天限定的独特菜单也大受好评

2014 年在东京六本木成立的“KAKIGORI CAFÉ&BAR yelo”是一家能在深夜轻松享受刨冰乐趣的店。每天早上店里都会准备淋上特制牛奶酱的健康刨冰。

以从早到深夜都能享用美味刨冰且全年无休的经营模式为目标，提供令人满意的极致刨冰。因为一年中从早上到半夜都能吃到刨冰，所以从一开始就备受关注，不少人还会在工作结束后或饭后聚会时来这里吃碗刨冰。晚间时段还推出了含酒精系列的菜单，在刨冰上放了朗姆酒腌制的葡萄干，再加上淋了朗姆酒的“朗姆葡萄干刨冰”，还有使用酸奶香甜酒和牛奶巧克力香甜酒等制作的刨冰，用鸡尾酒杯盛装，是专属于大人的刨冰。

冰是刨冰的基础，使用纯水制作而成，先从冰箱里拿出来，稍微融化后再切削开。店里的刨冰有 3 层构造，每一层都搭配糖浆和酱料。在口感柔和的冰上添加的糖浆，以草莓等水果为代表。也有将机胡萝卜和鳄梨等制成味道丰富的糖浆，与能释放出甘甜的 Yelo 的特制牛奶糖浆的搭配也非常出众。这家店的蔬菜刨冰在女性中很受欢迎。通常店里供有 4 ～ 7 种招牌冰品，季节限定冰品 3 ～ 4 种，晚上限定冰品（含酒精成分）9 种，以及雨天限定冰品 1 种，还提供 7 种支付 100 日元就能追加的配菜。可以依个人喜好添加马斯卡彭奶酪配发泡鲜奶油、红豆馅、燕麦片等配料。

浇上柠檬糖浆时享受颜色的变化，有很强的观赏性。

变化1

绣球花刨冰

用刨冰来表现装点梅雨季节的绣球花，虽然是雨季限定，但从 2018 年开始只要下雨天就能吃到。这是只有知道的客人才能品尝到的刨冰。在刨冰上浇上混合了用蜂蜜与香料植物做成的淡紫色糖浆，以及牛奶酱与香料植物做成的蓝色糖浆，最后加上用香料植物提取物制成的淡蓝色和紫色两种果冻。呈现方式上也颇花心思，上餐时服务员在桌旁向刨冰上浇淋上柠檬糖浆，柠檬汁中的柠檬酸会因为化学反应变成紫红色。客人们享受美味冰品的同时，也拥有了一段最美好的回忆。

冰堆成形后，将满满的马斯卡彭奶酪发泡鲜奶油浇在上面。

在马斯卡彭奶酪发泡鲜奶油上面撒上用筛网过筛后的可可粉。

变化2

豪华提拉米苏刨冰

吃一小口就品尝到了“提拉米苏”的好滋味，在刨冰中有 Yelo 特制牛奶杯和马斯卡彭奶酪酱，表面是可可粉。店里每天早上的 Yelo 特制牛奶咖啡非常重视食材的平衡，香味更加浓郁。以马斯卡彭奶酪为基底所调制的马斯卡彭奶酪酱吃起来醇厚而顺滑。另外，在松软的刨冰上，加上充分混合了发泡鲜奶油和马斯卡彭奶酪调制而成的马斯卡彭奶酪发泡鲜奶油，最后再撒上可可粉，作为店里招牌的“提拉米苏”被升级了，瞬间成为该店具有代表性的人气商品。

在鸡尾酒杯里堆叠上冰后轻轻按压成圆形，整体淋上牛奶酱，并在两端浇淋上抹茶酱后再继续往上堆冰。

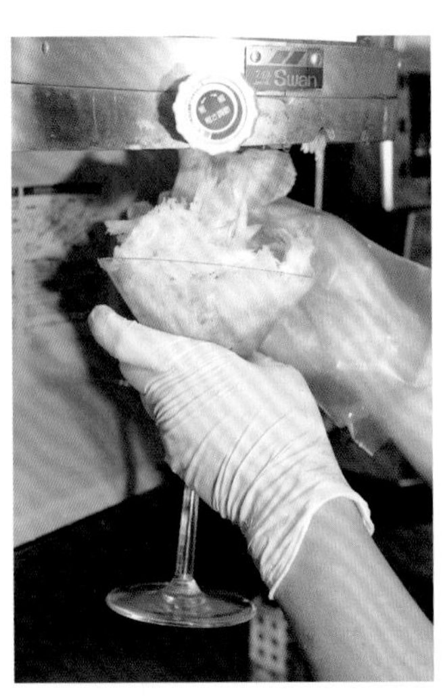

因为鸡尾酒杯的容量非常小，所以在堆冰的时候，注意不要装得太满，否则容易变硬。

变化3

抹茶榛果刨冰

用京都利招园茶铺的高级抹茶制作的糖浆，甜味中也散发着浓郁的苦味，其最大的特点是将充满坚果芳香的榛果香甜酒、苦涩的抹茶、香甜的牛奶酱在口中和冰融合在一起，瞬间爆发出十足的滋味。在鸡尾酒杯上堆上冰，淋上 Yelo 特制的牛奶咖啡，倒上抹茶糖浆使其从两端纵向渗透，做成竖条纹的图案。晚上限定的酒精系列刨冰，从 2018 年冬天开始追加了 3 种新产品，目前共有 9 种冰品供客人选择。在充满实感的水果风味糖浆里还提供了搭配香甜酒的刨冰，可以享受到只有酒吧才有的刨冰派对。

调整成平滑圆顶的山的形状，从最顶点开始，右半边淋上用 Yelo 特制牛奶糖浆做成的香草糖浆，左半边淋上玫瑰糖浆。

变化4

粉彩球刨冰

乳白色的 Yelo 特制牛奶糖浆和淡粉红色的牛奶糖浆制成的刨冰，梦幻又可爱。表面撒上色彩鲜艳的香川传统点心和菓子“Oiri”。嘴里薄薄的碎冰和菓子、Yelo 特制的牛奶糖浆、玫瑰糖浆融合在一起，伴随淡淡的玫瑰花香，甜味就会扩散开来。粉嫩又可爱的造型在社交网站上广受好评，和蔬菜类刨冰同样在女性中深受欢迎。此外，该店还特别讲究吃刨冰所用的汤勺，考虑到刨冰的易舀取和易入口这两个条件来进行严格挑选，当然也备有大汤勺供有需要的人使用。

WA KITCHEN KANNA

温柔甜美的自制糖浆和
关注个性可爱的视觉效果

2013 年在东京・三轩茶屋创立的“WA KITCHEN KANNA”是一家每天都要排长队的超人气日式餐厅。将日本文化之一的刨冰引入菜单，且全年供应，在媒体和社交网站上成为热门的话题，因此光顾的客人络绎不绝。

刨冰味道取决于自制的酱料，坚持使用应季食材，酒粕、黑芝麻、焙茶等日式餐厅特有的食材以及马斯卡彭奶酪和巧克力酱等组合搭配在一起。考虑营养价值、甜度、口感等，店家一直在不断地摸索着。到目前为止设计出的菜单有数百种之多，店里也非常重视水果和食材的颜色搭配和平衡的视觉效果，带来视觉和味觉的双重享受。

菜单中的刨冰通常使用纯水制成的冰块，如果额外付一些钱就可以换成天然冰。该店使用日光“松月冰室”的天然冰，口感松软，入口即化，让人印象深刻。

现在店里的刨冰共有 10 种常规招牌刨冰和 7 种限定刨冰，每个月都会提供新菜单。其中限定菜单第一的“KKS”中，使用了日式、西方食材、当季时令蔬菜和浓缩了全部美味的 7 种酱料制成刨冰，个性十足又变化多样。

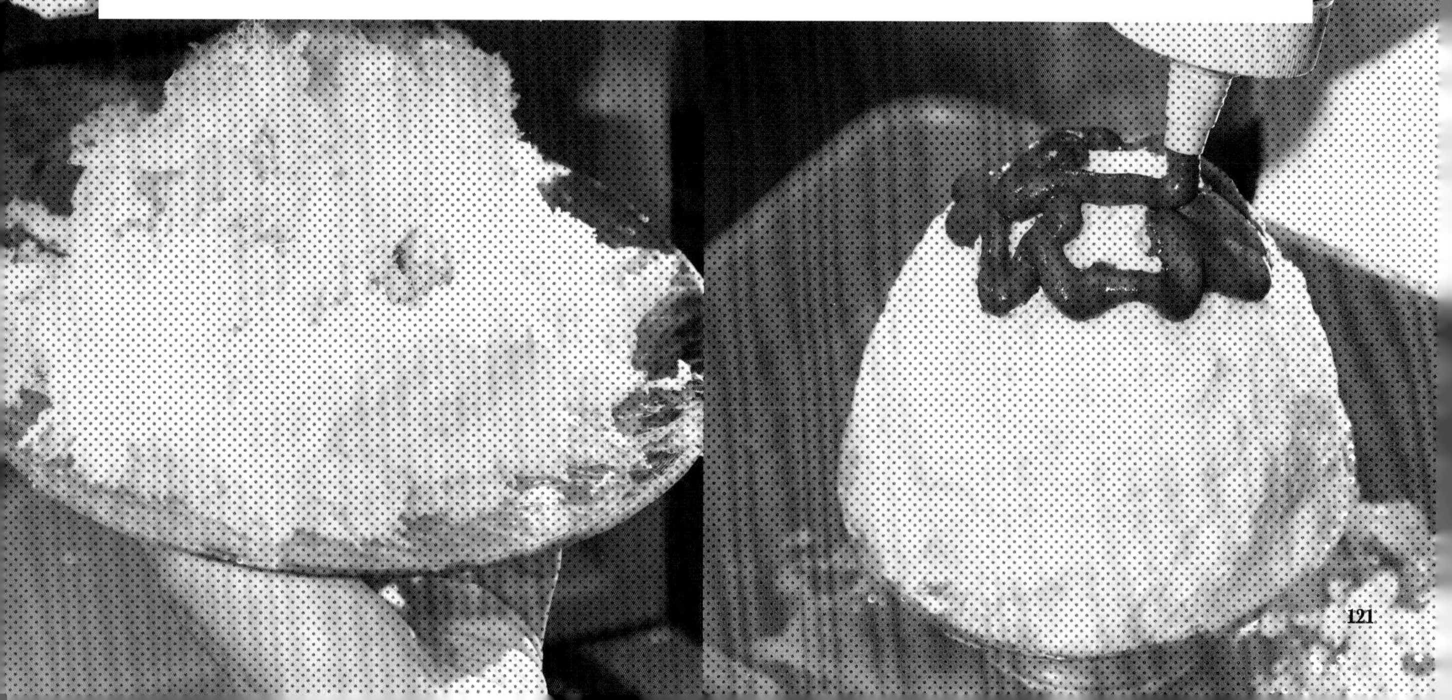

按酱料不同的稠度使用不同开口形状的瓶盖，提前准备好粗细不同孔洞的调味瓶盖来装酱料。

店里使用纯水制成的冰块。这台刨冰机能切削出松软的冰，一边转动容器一边盛装。

变化1

浓郁芋头牛奶刨冰

鲜艳的紫色刨冰令人印象深刻。将冲绳县产的紫薯蒸熟后放入牛奶中一起拌匀，考虑到营养价值，可以用甜菜糖来增加甜味。容器中的冰装成小山的样子，把牛奶糖浆淋成细线状，再用瓶盖孔粗的瓶子里淋上紫薯酱。将冰尽量堆高，用手调成高塔状。紫番薯酱不用从上到下都填满，而是为了让人能感受到浓郁和醇厚感，特意在缝隙间打开，撒上白芝麻来点缀。简单的玻璃器皿更能突出酱料与白色的冰的强烈对比。

用大孔洞瓶盖的调味瓶装草莓酱，从顶部淋出鲜明的纹理图案。

变化2

BC刨冰

一次可以品尝到马斯卡彭奶酪、草莓、酸奶三种口味。将冰盛装在容器里，按照自制草莓酱加牛奶糖浆的顺序反复加冰，让客人无论吃刨冰的哪个部分都能品尝到美味的糖浆和酱料，另外，考虑到整体的视觉和味道，将微甜的牛奶糖浆搅拌均匀后，将草莓酱淋成粗纵条纹状，在最顶端淋上马斯卡彭奶酪发泡鲜奶油，再撒上切碎的冷冻草莓，做成色彩鲜艳的刨冰。

在盘子底部铺上巧克力酱和可可咖啡粉。

将酱料装进瓶盖带有 5 个孔的调味瓶中，浇淋在整个刨冰上。

变化3

罗莎刨冰

以用覆盆子酸奶做成的玫瑰酱为主，再加上草莓芝士、马斯卡彭奶酪奶油，然后再加上切成薄片的新鲜草莓，装饰成像花瓣一样，最后撒上一层干燥的草莓块。盘子底部铺一层巧克力酱、可可咖啡粉和牛奶酱后再加上冰块。然后再加上草莓和马斯卡彭奶酪做成的草莓生奶酪、牛奶酱后再把冰堆成一座小山的形状，整体淋上玫瑰酱。恰到好处的酸味和甘甜的玫瑰酱和草莓生奶酪口味的刨冰以及牛奶巧克力酱，三种迥然不同的风味瞬间在口中融合了。

为了让冰不易融化，切削时可以稍微调整一下厚度。底部冰较厚，中间中等厚度，顶部的冰则可以细薄一些。

在圆盘形的盘子边缘部分用酱料作为装饰，可爱的形状让客人们忍俊不禁。

变化4

焦糖莓果刨冰

在盘子的底部铺上店里自制的草莓酱、巧克力酱和牛奶酱，撒上焦糖粉后开始切削冰片，然后再淋上焦糖酱和牛奶酱。用手将冰整理成一座小山的形状，淋上焦糖酱。圆形的盘子可以活用边缘，装盘时随意抹上一些自制草莓酱。焦糖味的刨冰和草莓酱一起享用，口中的滋味和口感瞬间丰富起来。焦糖酱是用焦糖粉和炼乳制作而成，为了利用刨冰的松脆感，焦糖酱淋在冰的空隙里。最后装饰上蓝莓和细叶香芹来衬托焦糖色的刨冰。

店铺 14

KOORIYA PEACE

水果冻和
原创感十足的诱人刨冰

“KOORIYA PEACE”刨冰店的老板兼菜单开发者小林惠理小姐说，每隔 7 ～ 10 天都会推出新产品，每天的刨冰菜单也会有变化。据说自 2015 年 7 月开业以来，该店产品数量已经超过 400 种。

使用当季的时令食材自不必说，店里还会以岁时、花卉为主题，制作充满季节感的刨冰，相比以往只是将水果作为淋酱或配料的刨冰更进一步。将严选的高级水果做成果冻盖在冰上，颜色明亮鲜艳，有很强的存在感。其中“草莓田生奶酪刨冰”“绣球花莓果刨冰”“野堇菜生奶酪刨冰”等外表可爱自不必说，继续吃冰的话，就会出现用满满的鲜肉和果汁做的果冻，能享受到嘴里的冰和果冻的两种截然不同的口感和味道的变化和唇齿间的余味。

在这家店里使用的汤勺是特地向金属工艺家中村友美小姐订制的。既能稳稳地舀出冰，还能自由增减送入口中的冰的量，是完全为刨冰量身打造的汤勺。虽然只是一只小汤勺，但包含着对客人的关怀和用心。店长浅野先生和工作人员的细心、用心和友善深受好评，因此在社交网站上，该店的粉丝们每天都会活跃地帮忙更新店铺的信息。

在刨冰里使用的果冻，水分较多，口感相对浓稠柔软。将新鲜的草莓切成适当大小，可以充分发挥口感。

变化1

草莓田生奶酪刨冰

受到热捧的季节限定品是使用个头较小的草莓冰品。将草莓排列整齐，用果冻将其固定在一起。其中使用的草莓糖浆，在考虑酸味和甜味的同时使用了好几种草莓和砂糖，制作过程中不用加热。在容器中先装冰，淋上店里特制的牛奶酱、草莓糖浆、新鲜草莓和草莓果冻后，再从上面堆冰、特制牛奶酱和草莓糖浆，最后用冰覆盖后浇上满满的生奶酪糖浆，摆放果冻披覆的草莓。图片中为4×4的尺寸，另外有5×5的尺寸，可以从这两种尺寸中选择。

使用糖浆、果汁和葡萄柚制作而成的豪华刨冰。

变化2

葡萄柚生奶酪刨冰

被称为稀少的红宝石有淡淡苦味的高级葡萄柚“漂亮的惠女士”（Pretty woman MEGUMI）作为食材，是相当奢华的一款刨冰。将葡萄柚的外皮轻轻地剥掉，然后用果冻盖住。盖上果冻的葡萄柚果肉多汁且光泽更加鲜艳。冰里除了直接使用大量果肉外，还充分使用未经过加热制作的糖浆。盛盘时的摆放顺序是冰、糖浆、冰、特制牛奶酱、生奶酪糖浆、冰、带果肉的果冻，然后用冰再盖上一层，最后再放上满满的生奶酪糖浆，放上半个葡萄柚。每次上桌的时候，客人都不由得发出赞叹。

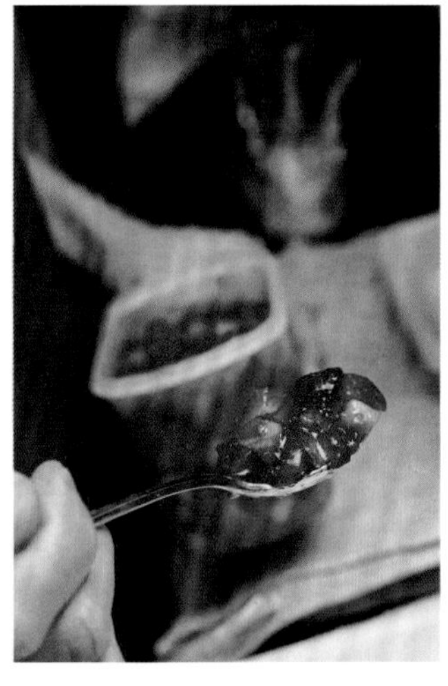

1 粒 7 厘米大小的“甘王”草莓，用大量柔软的果冻覆盖，和软绵绵的刨冰很相配。

变化3

甘王草莓果冻刨冰

该店制作的草莓糖浆所使用的草莓，会在应季时按照种类分别冷冻保存，然后根据菜单的不同，再根据草莓颜色和味道的平衡来区分使用制作成糖浆。即使同一款草莓，不同时期的味道也多少会有些不同，但唯一不变的是都会使用两三种不同品种的草莓。因为不经过加热处理，所以和生草莓相比，不管是颜色、酸味、香味等都更加突出，所以在品尝刨冰的同时也能细细品味草莓的美味。刨冰中大量使用草莓糖浆和店里自制的牛奶酱，加入了剁碎的“甘王”草莓制作的草莓果冻。上桌时会再加上特制牛奶酱，客人在吃的过程中还能免费追加草莓糖浆，真是让人从头到尾吃得都很开心。

店家自制的生奶酪糖浆，是使用奶油奶酪、鲜奶油、牛奶、炼乳等一起拌匀而成的。

变化4

红玛丹娜＋红颜刨冰

红玛丹娜和红颜草莓组合在一起，一次可以享用两种高级食材的刨冰。使用颜色很浓、甜味很强烈的爱媛县产的红玛丹娜柑橘制作糖浆，加入煮过的无农药柠檬皮，轻微的苦味能使整体的味道更加丰富。首先在冰上浇上特制牛奶酱，再依次放上生奶酪糖浆、红玛丹娜糖浆和使用红玛丹娜制成的果冻。调整刨冰的形状，一侧淋上草莓糖浆，另一侧淋上红玛丹娜糖浆，然后在最顶端放一些八分发泡的鲜奶油，再摆上红玛丹娜、红颜草莓果肉加以装饰。最后再以绕圈的方式撒上九重柚子甜米果。

用喷枪炙烤过的刨冰。吃的第一口是冷热两种在嘴里扩散的不可思议的奇妙口感。

变化5

炙烤红薯奶酪＋卡仕达酱刨冰

将鹿儿岛产的“红小豆”红薯蒸熟后过筛，再搭配上一块蓝纹奶酪和鲜奶油混拌在一起。黏稠顺滑且甘甜的红薯与蓝纹奶酪的咸味在味觉上形成对比，这种让人上瘾的味道带来了很多回头客。在冰镇过的器皿上放上冰，加入特制牛奶酱、浓郁但爽口的卡仕达糖浆，再将冰削薄，然后撒一些烤过的综合奶酪条和撕成小块的奶酪片，放在冰上，最后再淋上卡仕达糖浆和红薯酱，撒上砂糖，用喷枪炙烤，表面做成焦糖状即可。

碎大豆事先经油炸、油渍处理，和奶油、冰搭配在一起时别有一番特殊的口感。

变化6

福袋刨冰

使用招福大豆制作而成的人气刨冰。将北海道产的大豆去皮，然后用中高温的油炸，使其有脆脆的口感后再用油腌制。糖浆是将冲绳产的黑糖制作成的黑蜜。黄豆粉使用的是香气更浓的。无论哪一种刨冰所使用的食材都是精心挑选出来的，而且是提前精心料理的。盛盘时先把软绵绵的冰铺在容器底部，依次放上自家制的特制牛奶酱、黑蜜、油腌大豆和黄豆粉。再将冰堆成如一座小山高，以绕圈的方式浇上黑蜜，然后在上面撒满油腌大豆和七分发泡鲜奶油，最后用黑蜜和黄豆粉装饰。

店铺
15

二条若狭屋（寺町店）

无香料、无色素的糖浆和冰块都是由店家自制的，展现京都特有风情的美味季节性刨冰

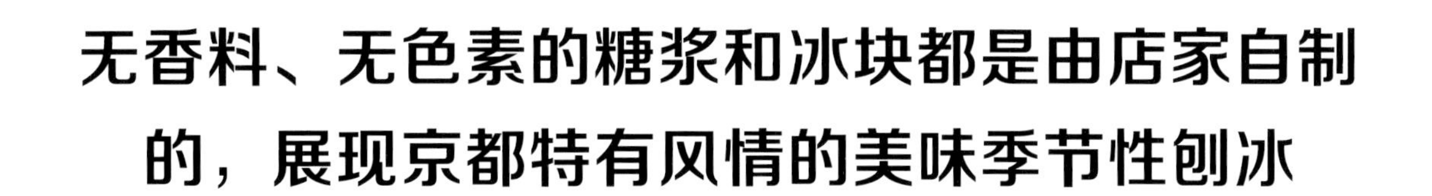

京都的老字号和果子店“二条若狭屋”于 2013 年开设的寺町店在 2 楼同时设置了茶坊，店长大石真由美小姐曾提议“想在茶坊里供应刨冰，首先就从最能代表京都的抹茶刨冰开始”。对于这个提议，“以抹茶为招牌，就要做到最好”，“二条若狭屋”代表这样回应。于是，他们便从平时就有合作的 3 家日本茶专卖店购入一级品，努力开发独创的浓茶糖浆。寺町店刚开业的时候，市内全年提供刨冰的店铺寥寥无几，因此从一开始就决定全年提供刨冰。“本店的刨冰贯彻无香料添加、无色素的做法，很重视食材的味道，所以不依赖食谱，打算以每年从零开始的心态来面对各种食材。”（大石）。除此之外，利用平日里各种各样砂糖的和果子店的优势，选择各种不同的砂糖来调制糖浆。春天使用樱花模具、秋天使用枫叶模具制作羊羹，又用仙贝、米果等制作和风系列、水果系列、甜点系列等充满京都风情的精心设计的刨冰。最值得一提的是二条若狭屋所使用的是京都地下水源制作而成的冰块。店内备有冰块专用冷冻库，将汲取而来的地下水置于 −7 ～ −4℃ 的环境下，冷冻 3 ～ 4 天使其结冻成冰块。因为是使用京都的水制作的冰，所以无论用于糖浆制作的抹茶、焙茶、煎茶等京都茶，还是用于制作“京都豆腐冰”的豆腐等，利用这些京都特有食材和刨冰都非常相配。店里平时提供 6 ～ 15 种刨冰供客人选择。

将冰从冷冻库取出后，在常温下放置一段时间，等到变得透明后再使用。

变化1

番茄酸奶刨冰

甜番茄糖浆和清爽的酸奶糖浆分别在左右两侧，不仅是红白的色调，味道的对比也非常绝妙。用了小番茄装饰，更凸显了夏天的感觉。店长大石先生说，“我把阳光下成熟的鲜红番茄做成了与刨冰相配的美味糖浆”。番茄糖浆里严选了味道浓郁的番茄，尝一口糖浆就能体会到番茄的多汁和果香味。部分不喜欢番茄的人点了餐后，也会赞不绝口:“将番茄做成这样的刨冰连我都爱吃了！”这道冰品于每年 7 月左右供应。使用蔬菜制作的糖浆刨冰还有“炙烤南瓜刨冰”“柿子牛油果刨冰”“蚕豆刨冰”等。

大石先生说："首先吃一口原味，之后可根据个人喜好加上各种各样的调料吃。"高汤酱油是使用的第一道调味料，右下角照片下面是黑蜜和黄豆粉的甜味套餐。

变化2

京豆腐冰

刨冰搭配豆腐，新颖而独特，但每年10月左右供应，粉丝都会来吃，是一种秘制的人气刨冰。微甜的豆腐糖浆不仅可以作为刨冰的调味料，也可以增加甜味。品尝这道刨冰时，大家可以选择“白芝麻＋青葱＋鲣鱼片＋高汤酱油”佐料套餐，或是“黑蜜＋黄豆粉”的甜味套餐。撒上佐料套餐可以做成冷盘，加上甜味套餐可以做成甜点。京都的豆腐很有名，豆腐和刨冰店的冰块在制造过程中都使用京都的地下水源，所以本店才开发出这道冰品。

将琼脂、红豌豆和切碎的栗子馅放入容器中，然后将冰堆叠在上面。

变化3

豆沙水果刨冰——赏枫

“豆沙水果刨冰”随着季节的变化，糖浆和外观设计也会发生变化。使用浓茶糖浆和枫叶形的羊羹来表现秋天的京都。将高级抹茶制作成浓茶糖浆，用枫叶形的“二条若狭屋”特制羊羹进行装饰。里面有该店的日式点心师傅煮好的豆沙水果凉粉。另外添加的红糖蜜是豆沙水果凉粉用的，也可以放在刨冰上吃。梅雨季、红叶季、圣诞节、新年等都可以用各种各样的糖浆和羊羹等日式点心来表现，“豆沙水果刨冰”可以说是不分季节的畅销冰品。

冰里有几种切碎的水果。如上图的草莓、苹果、猕猴桃、冰冻的橘子等。

变化4

彩云刨冰

在松软的云朵形状的冰上，浇淋上5种当季时令糖浆来享受刨冰的乐趣，所以命名为“彩云”。添加了5种不同滋味的糖浆，让人直到最后一口都不会腻。5种糖浆有水果系列3种和其他糖浆2种，上图中从左边到右依次是麦芽糖糖浆、甜酒糖浆（无酒精）、草莓糖浆、酸橙糖浆、奇异果糖浆。“因为麦芽糖糖浆很受欢迎，目前已被列为招牌糖浆。此外，我们会尽可能准备特殊的水果和用砂糖制作糖浆。”大石先生说。糖浆还有黑糖牛奶糖浆和抹茶牛奶糖浆，水果糖浆会根据季节不同使用如红肉葡萄柚、苹果等。

BETSUBARA

复合式美食店的跨界刨冰
重视入口瞬间的惊艳和入口即化的口感

2013 年，“BETSUBARA”正式营业，是一间面包和点心的复合饮食店，现在推出了“另类点心”，刨冰已经是该店不可或缺的重要产品。刨冰除了 1 月、2 月外都会供应，7 月至 9 月提供人气刨冰“桃冰”等，店铺从上午 11 点开始预约，最早上午就约满全天了。店内只有 9 个座位，为了满足客人在人多的时候想多点一份，最近每位客人可以点两个不同种类的刨冰。

当时因面包在夏天的销量会下降，因此作为补充商品从 2014 年夏天开始提供冰品。店主并原百合子认为“知名的刨冰店都是使用 Swan 这个品牌的刨冰机”，因此店里也引进了 Swan 刨冰机。“吃到嘴里的瞬间，被味道和口感吓了一跳，在惊艳的时候突然融化的冰才是最佳状态。”“看起来冰像羽毛一样重叠在一起，但希望大家能享受到每一口的口感都不同。”另外，想保留刨冰的美味，为了与冰形成对比，加入糖浆也很重要。糖浆和奶油是自制的，为了让人吃到冰凉也能充分感受到它的味道，“红薯奶油刨冰”中用烤红薯，“栗子牛奶”冰上用的甜栗子等，都是不计成本挑选的上等食材。用“连最后一口都很好吃”的标准来调节甜味，为了让人百吃不厌，冰里面放着栗子和豆沙等馅料，这也是店里刨冰的特色。店里提供了常规的生奶酪系列、水果系列、限定系列冰等约 6 种刨冰。

将冰盛装至容器的 1/3 左右，撒上柠檬糖浆和生奶酪糖浆，再放上柑橘类果肉或当季时令水果（采访时是温州橘子）。

变化 1

柠檬生奶酪刨冰

想制作既不是牛奶系列也不是酸奶系列的刨冰，就出现了这款用生奶酪糖浆作为糖浆且全年供应的刨冰。夏季搭配柠檬和百香果，冬季则是柠檬和蓝莓的组合。这个“柠檬生奶酪刨冰”上面加入了当季的柑橘和金橘及时令水果。重点是这款刨冰大量使用柠檬、橘子、金橘等与生奶酪十分相配的柑橘类水果。柠檬糖浆如果使用新鲜柠檬味道会过于强烈，所以使用柠檬果汁。清爽而微甜的生奶酪糖浆，搭配上略带酸味的柠檬糖浆，味道真的是绝妙至极。

放入刨冰中的“薯馅”比红薯奶油更有黏糯的口感。

变化2

红薯奶油刨冰

在甜点系列刨冰中，第一次获得好评的就是这个“红薯奶油刨冰”，这是店主井原小姐精心研制的料理，很受女性客人的欢迎。在加了炼乳糖浆的冰上，撒上满满的红薯馅和甘薯奶油，放上自家制的盐核桃，最后撒上一层枫糖浆即可。冰里面藏有用料实在的“薯馅”。配料方面，考虑到和入口即化的刨冰搭配，所以改成了核桃。放盐的核桃更能突出甘甜的红薯奶油味。制作红薯馅和红薯奶油时，特别使用的是“烤红薯”，可以让客人充分享受红薯的香甜味道。这道冰品的提供时间是秋季和冬季。

在冰片里放入蒙布朗奶油和带薄膜的栗子甘露煮，以及店里自制的黑醋栗果酱。

变化3

蒙布朗牛奶刨冰

在加了炼乳牛奶酱的冰上浇上满满的蒙布朗奶油，装饰上带薄膜的栗子甘露煮和小饼干。堆叠的冰里有蒙布朗奶油、栗子甘露煮和黑醋栗果酱。这是从组合了黑醋栗蒙布朗蛋糕中得到的启发。刨冰很凉，加在上面的奶油和糖浆的味道很难感受到。因此，在制作奶油和糖浆时，选择食材就变得很重要。另外，在市面上出售的奶油和蒙布朗泥的风味偏淡，因此决定在蒙布明奶油中添加“甘栗”来制作。仅在秋到冬两个季节供应，和“红薯奶油刨冰”一样，这是一道有很多回头客的冰品。

在冰上浇上开心果糖浆和炼乳牛奶酱，再加上金橘和巧克力脆饼作为配料。

变化4

圣诞刨冰“开心果与覆盆子”

2018 年圣诞季供应的刨冰。淋上香喷喷的开心果糖浆和别具风味的覆盆子糖浆以及炼乳牛奶酱。冰上面是用糖浆和洋酒腌制的草莓，里面有金橘和巧克力脆饼。因为开心果糖浆味道很浓，所以这里使金橘带来清爽的新鲜感。巧克力脆饼的口感也很特别。制作开心果糖浆的原料有烘焙开心果和开心果泥，而制作覆盆子糖浆的原料则为 100% 的覆盆子泥。“圣诞刨冰”的原料每年都会变化。

店铺 17

宝石箱

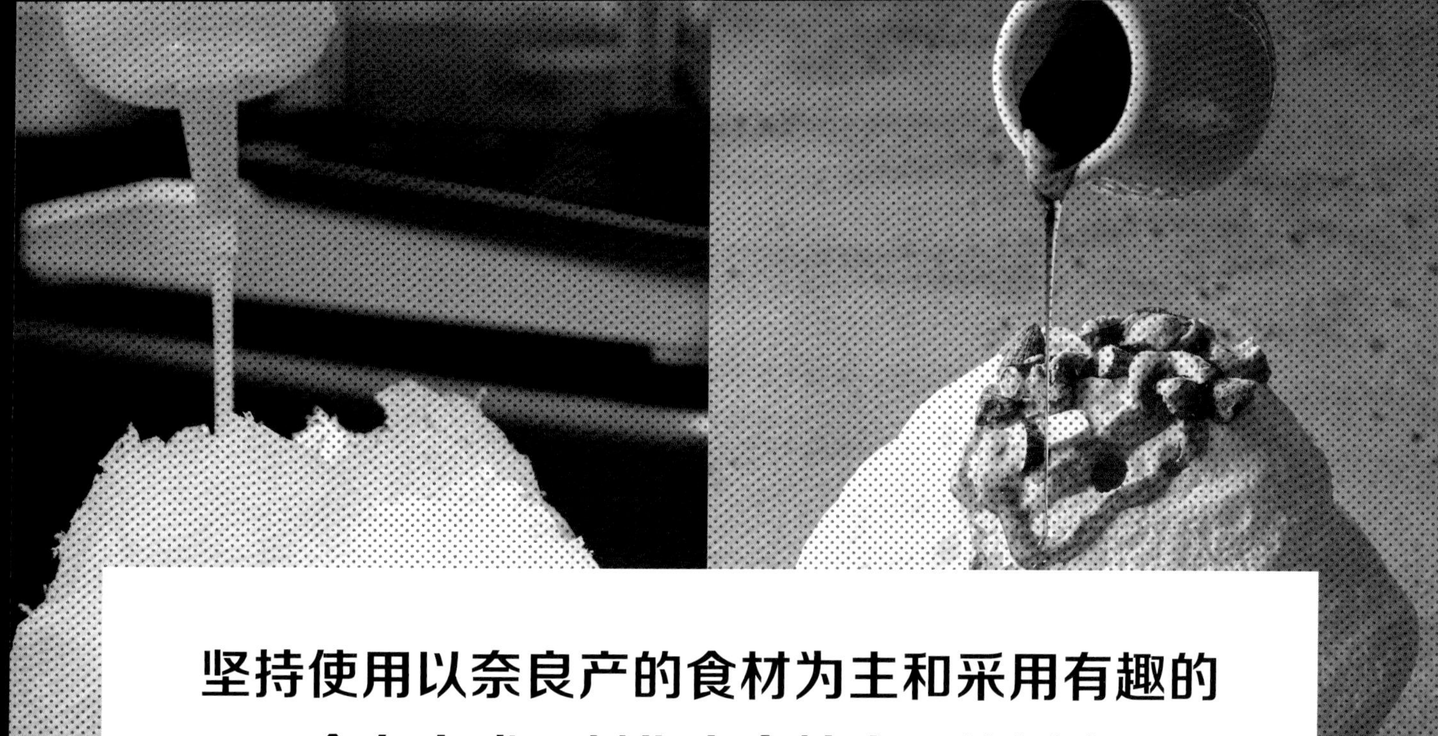

坚持使用以奈良产的食材为主和采用有趣的命名方式，创作出个性十足的刨冰

奈良县奈良町的“宝石箱”作为关西地区的代表性刨冰专卖店而广受好评。古时的奈良把点心称为“宝石”，“因为想把能让人幸福的宝石（刨冰）送给更多人。而且，我想让刨冰作为奈良的固定的饮食文化的象征”的想法，所以将店铺取名为宝石箱。

“宝石箱”的最大优点是使用了新鲜的牛奶、早上采摘的水果、日本甜酒和柚子酒等以奈良产为主的优质食材。为这些食材严格把关的是共同经营的两位老板冈田桂子和平井宗助。两人与冰有着深厚缘分，他们在冰室神社（奈良市）每年都举办的刨冰活动“冰室白雪祭”中相识，二位是从一开始就共同携手参与活动的策划和组织的重要人物。

“宝石箱”目前供应的刨冰有新年、节气、情人节等节日限定版刨冰和使用当季水果制作的刨冰等 6 ～ 8 种。“琥珀珍珠牛奶刨冰”“石蕊试纸刨冰”等千奇百怪的名字也吸引着顾客，在炎热的夏季里一天可以卖出 200 ～ 350 杯。冈田小姐说：“我自己喜欢松软的冰，因此在店里制作冰时，我也会有意识地将柔软的冰做得蓬松，充满幸福的味道。”使刨冰的松软度提高的要点是，把糖浆均匀地浇在整个冰上。除了店里供应刨冰外，他们偶尔会与杂志、地方名店等合作，在各大活动上供应刨冰，冈田小姐表示：“我们不仅借助刨冰宣传奈良，更希望通过活动推广各家店铺优质的食品和农产品。”

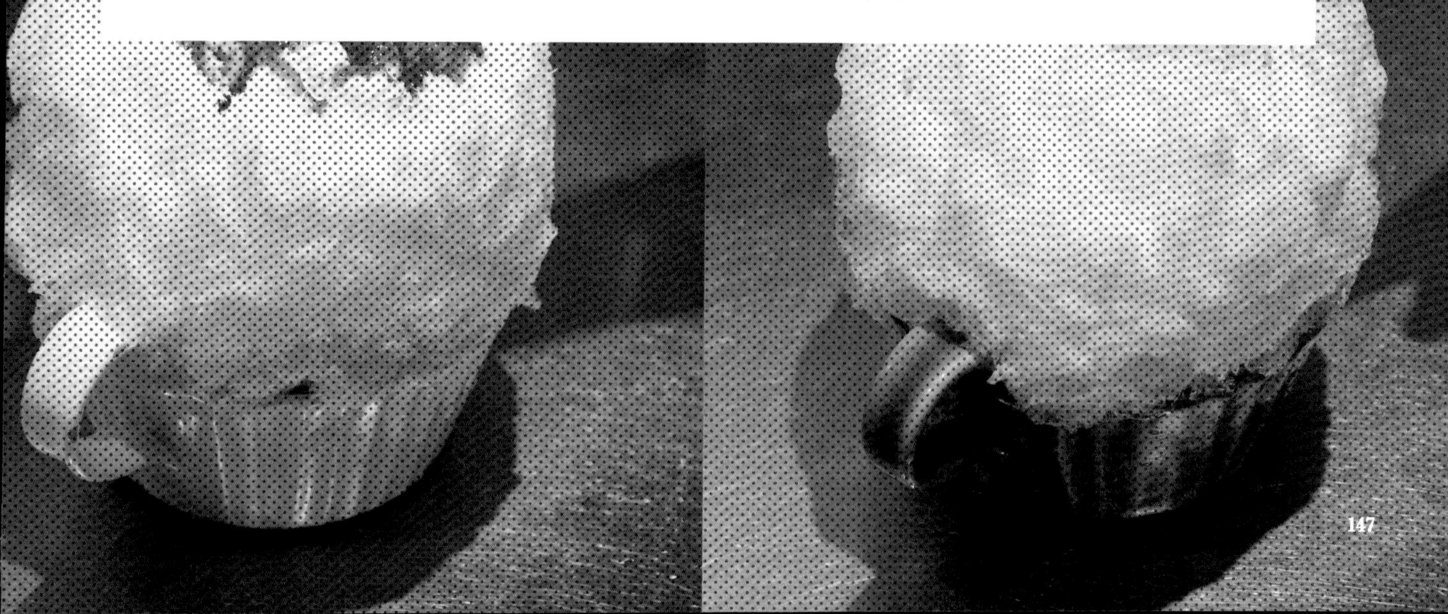

CHUBU CORPORATION 股份有限公司制造的“Hatsuyuki”刨冰机，下部的空间大能广泛使用，所以很容易切削冰。售后服务也很好。

1883 年创办的植村牧场（奈良县）压榨的低温杀菌牛奶被用于制作牛奶糖浆和牛奶慕斯泡沫。

变化 1

琥珀珍珠牛奶刨冰

用高品质的牛奶制作的牛奶糖浆和牛奶慕斯泡沫，其浓郁的奶香味搭配松软的冰，制作出令人垂涎三尺的琥珀珍珠牛奶刨冰。为了凸显出冰的松软性，冰里不再另外加入配料，只由冰、糖浆、慕斯泡沫制成。店主冈田小姐说：“请先品尝原味，接着再浇上焦糖来感受另外一种不同的美味。”随盘附上自制的焦糖和盐焙坚果，焦糖的微苦味和坚果的口感又能享受另一种味道的变化。由于使用的是低温杀菌牛乳，因此糖浆和慕斯泡沫中会呈现出珍珠般的光泽，再加上焦糖的琥珀色，所以这道刨冰才被命名为“琥珀珍珠牛奶刨冰”。

让客人自己浇上柑橘果汁，享受到漂亮的颜色变化。这道刨冰是花费了 72 小时制作的日乃出制冰厂（奈良市）的纯水冰块。

变化2

石蕊试纸刨冰

将蝶豆花熬煮成糖浆淋在刨冰上，再浇上柑橘果汁，花青素会与柠檬酸发生反应，颜色也会如同石蕊试纸一样发生变化，因此被命名为石蕊试纸刨冰。在冰的中间层淋上柚子或柠檬等应季的柑橘糖浆，有时也会使用猕猴桃糖浆。不仅仅是上面，冰里面也加入了时令水果（取材当天是草莓）和酸奶慕斯泡沫。上桌时会一道提供手动榨汁机，让客人亲手榨新鲜柑橘（取材当天为柚子）淋在刨冰上。还有随盘添加柚子酒（图片左后方）的“成人石蕊试纸冰刨冰”。因为刨冰颜色呈冷色调，所以冬季不供应。

这是由一家位于奈良市京终町，创办于江户末期的味噌、酱油老店——井上商店制作的。

变化3

大和抹茶牛奶刨冰

老板在制作抹茶牛奶刨冰的糖浆中所使用的牛奶、抹茶、放入的甜酒等优质的食材都是奈良县产的食材。在切冰、淋牛奶糖浆这样的工序反复两次后，放入“桥平甜酒”，在上面挤上牛奶慕斯泡沫，再切削冰，浇上奈良县产的抹茶做成的大和抹茶蜜。因为冰表面上没有任何配料，所以大和抹茶蜜格外的显眼。很多喜欢简单刨冰的人、去奈良观光的人、外国游客等都会特地来店里品尝一碗地道的奈良刨冰。因为使用了无酒精的甜酒，所以小孩子也能安心享受。这是一道常年供应的招牌刨冰。

将牛奶糖浆和草莓糖浆浇淋在冰上，摆上草莓后挤上一些牛奶慕斯泡沫。

变化 4

奈良草莓刨冰

自年末到次年 4 月上旬为止的草莓季中，有 80% 的客人会指定要点这款使用奈良县早上现采摘的草莓制成的奈良草莓刨冰。草莓是老板每天早上亲自到签约的农家采购的，采访当天时除了使用奈良品牌的“古都华”和“明日香红宝石”之外，还使用了“章姬”（使用品种因当天采购情况而定）。鲜红色的糖浆是使用了本地产的多品种草莓所制作的混合草莓糖浆。一碗刨冰使用的新鲜草莓有 3 ～ 4 颗。在冰的里面和表面两层，浇淋草莓糖浆和牛奶慕斯泡沫是一道货真价实的奢华草莓刨冰。冬季还另外提供“草莓卡仕达酱刨冰”。

店铺
18

OISHII KOORIYA（天神南店）

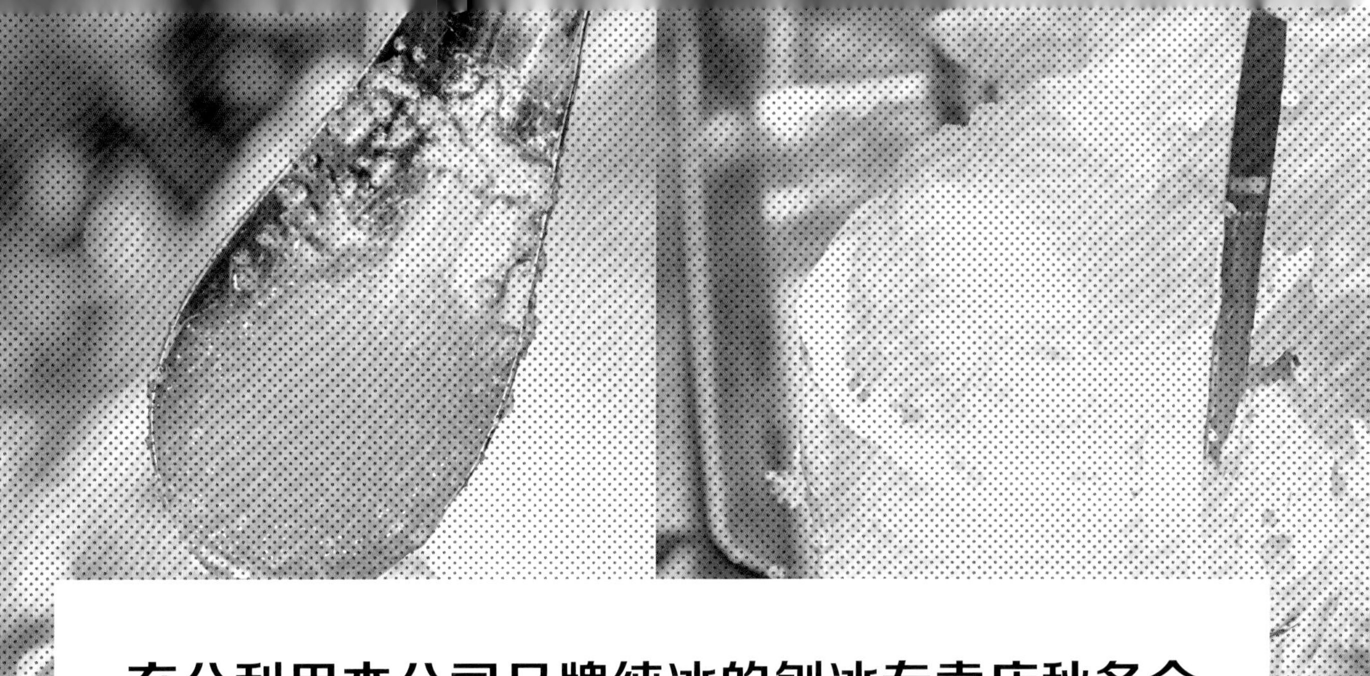

充分利用本公司品牌纯冰的刨冰专卖店秋冬会以多彩的季节限定菜单吸引众多顾客上门

这一家于 1946 年创立的九州制冰公司的直营刨冰店。当初是因为计划将自家品牌“博多纯冰”直接向更多消费者推广而决定开设的，而且 1 号店唐人町店于 2016 年 4 月顺利开张，之后于 2017 年 11 月开业的则是天神南店。

刨冰中最关键的“博多纯冰”在去除了大部分杂质的同时，花费了 72 小时以上慢慢冷冻而成，冰的纯度高达 99.9%，是公司最引以为傲的优质冰块。由于不容易融化且几乎不含杂质，因此可以衬托出各种糖浆的味道。刨冰机采用“Hatsuyuki”的 BASYS 系列。天神南店的店长长勇太先生说：“我们公司的冰，BASYS 系列的刨冰机可以将自家的冰削得更薄且更加松软绵密，所以决定引进同机型刨冰机。”

刨冰菜单有 7 种常规冰品再加上秋冬限定冰品，共有 14 种之多。店长长勇太先生说：“我们店里的产品主要是刨冰，秋冬与春夏相比，客人明显减少。因此，只有开发秋冬才能吃到的附加值才能提升淡季的上座率。”季节限定菜单则是由店铺工作人员共同商讨提出的，特别是“站在女性角度的色香味俱全的刨冰销售的很好”。

“美味的冰屋”用了 1 年时间在福冈扎根了。于 2018 年 5 月前往刨冰的圣地——中国台湾开设了海外 1 号店，这家店正在逐渐积攒人气。

放入容器底部的香草冰激凌，在冰开始融化的时候会体现出自己的存在的价值。撒上少量粗咖啡粉来点缀和提味。

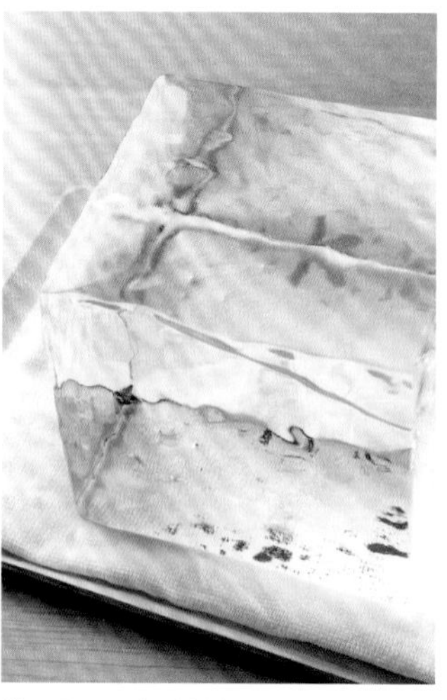

使用母公司九州制冰公司的冰块“博多纯冰”。冰块纯度为99.9%，几乎排除了杂质。

变化1

豆香洞咖啡刨冰

这道刨冰味道的决定性因素是一杯咖啡酱，咖啡酱的原料是福冈的人气烘焙工坊“豆香洞咖啡”的浓缩咖啡。在制作这款冰品时，不仅严选咖啡豆，还借鉴了“豆香洞咖啡”烘焙师后藤直纪小姐多年的经验，是一道相当地道的咖啡刨冰。利用深度烘焙的咖啡豆的苦味和香醇来制作咖啡酱，甜味再用自家制的牛奶酱来补充。上面装饰的是马斯卡彭奶酪酱，和刨冰一起品尝会有一种提拉米苏的风味。装盘时通过反复切冰、撒上牛奶糖浆、再切削冰，反复进行，一道广受追捧的刨冰就做好了。

用九州产的红豆做成红豆馅铺在容器下方。红豆的风味和香味和黄豆粉非常搭配，带给了刨冰好滋味。

采用 CHUBU CORPORATION 股份有限公司生产的“Hatsuyuki” BASYS 系列刨冰机。将手动开关改造成脚踏式开关，双手可以更加自由灵活。

变化2

美味黄豆粉刨冰

这是全年都有的常规刨冰之一，其最大的特点是品尝第一口就能吃到黄豆粉的香味。在冰的内部撒上少量甜味较浓的牛奶糖浆，外面浇淋甜度低的原创糖蜜，在甜味上产生对比。撒在刨冰表面的是黄豆粉制成的酱和粉末状的黄豆粉。“粉末状的黄豆粉撒太多的话口感会变差，所以恰到好处才是诀窍”，店长长勇太先生如是说。铺在容器底部的糯米粉团和红豆馅让人吃到最后仍能感受到浓郁的日式风味。最后在上面撒上一些杏仁碎、腰果和核桃，烘托出刨冰的香味。

在刨冰的中心放上巧克力幕斯和发泡鲜奶油，精心设计让巧克力的味道贯穿始终。

把容器放在旋转台上，在冰的表面涂上一层发泡鲜奶油。因为要花费较长的时间和精力，所以这款刨冰只在冬天供应。

变化3

巧克力 & 发泡鲜奶油刨冰

在 2018 年的圣诞季中这道刨冰作为限定冰品登场，因为评价很好，所以持续供应到第二年的 2 月左右。容器底部放上巧克力冰激凌，冰之间加入巧克力慕斯和发泡鲜奶油，再撒上可可味浓郁的巧克力，就像装饰蛋糕一样。刨冰的基底味道来自“豆香洞咖啡”的咖啡豆做成的浓缩咖啡牛奶，再加上牛奶、巧克力等混合而成的咖啡欧蕾风格的淋酱。因为要充分使用巧克力，所以要稍微控制一下淋酱本身的甜度，让淋酱带有浓浓的黑巧克力风味。上面撒上一层薄脆饼干，冰里面放上巧克力饼干，口感更丰富。

将磨碎的生姜用蜂蜜腌制 3 天以上，生姜蜂蜜就是这道刨冰的味道的决定性因素。除了可以在容器底部铺上之外，还可以浇在整个冰上。

变化4

豆浆生姜刨冰

容器中倒入在以豆浆为原料的豆花上，浇上蜂蜜味浓厚的自制浓郁生姜蜜，堆上冰。在冰的中心加入红豆馅增加甜味。淋酱是以生姜蜂蜜为基础，另外加入豆浆、黑糖等食材混拌而成的原创口味。为了突出豆浆的清淡味道要注意控制糖的用量。冰上浇上豆浆发泡鲜奶油，再放上抹茶味的日本生八桥饼和甜黑豆。作为冬季限定冰品，于 2019 年 2 月上市，用豆浆代替牛奶，让乳制品过敏的客人也能安心食用。

店铺信息

10 CAFÉ & DININGBAR KASHIWA

地址： 栃木县日光市今市 1147 **TEL：** 0288（2）5876
营业时间： 10:00～22:20 **休息日：** 周三

1982 年开业时是家茶馆，现在是咖啡店兼酒吧。白天供应吃西餐和讲究食材的法式吐司，等到了夜晚的时候还备有各种鸡尾酒等，从早到晚都吸引了不同年龄的顾客群。该店的第二代老板柏木纯一亲手制作的 3D 拉花艺术和日光天然冰制作的刨冰在社交网站上引起热烈反响。近年来，来店里的国内外游客也很多，店内也随时都会举办一些表演活动。

店长
柏木纯一先生

11 HYOUSHA MAMATOKO

地址： 中野区弥生町 3-7-9 **营业时间：** 工作日 14:00～19:00（最后点餐时间 18:30），周六日、法定节假日 13:00～18:00（最后点餐时间 17:30）
休息日： 星期三、星期五

在从中野新桥车站步行 7 分钟即达闲静的住宅，这里即是这家店的所在地，从开店前开始就直排长队，虽然店面不大，但人气相当的高。现在每年仍保持品尝 1600 杯以上刨冰的店主原田小姐，设计出丰富多样的产品，通常有 20～30 种。这是一家注重冰的品质，充分发挥食材味道的刨冰店。吧台席加餐桌席共有 9 个座位。

老板
原田麻子小姐

12 KAKIGORI CAFÉ&BAR yelo

地址： 东京都港区六本木 5-2-11 巴提奥六本木 1F **TEL：** 03（3423）2121
营业时间： 11:00 至第二天 05:00（最后点餐时间 4:30），周日、连假最后一天至 23:00
休息日： 全年无休

2014 年在东京六本木开张的咖啡店兼酒吧。店名"yelo"是西班牙语"冰"的意思，是位于在市中心且到深夜都能享受刨冰的店，因此很受欢迎。晚上还提供含酒精的刨冰，色彩鲜艳的外观深受好评，以 20～30 岁的顾客为目标客户。另外，和大型超市合作推出的刨冰销售业绩也相当不错。

店长
小方美花小姐

13 WA KITCHEN KANNA

地址： 东京都世田谷区下马 2-43-11 COMS SHIMOUMA 2F
TEL： 03（6453）2737 **营业时间：** 11:00～19:00 **休息日：** 星期三

2013 年在东京三轩茶屋开张时本是一家日式餐厅。开业约 1 年后开始全年提供代表日本文化之一的刨冰。烤鱼等午餐菜单也大受好评，约有 60% 的人会在饭后点刨冰。搭配日式、西式食材和当季时令食材制作而成的酱汁，美丽的外观和好滋味带来了好口碑与高人气。冲绳分店还供应"冲绳热带芒果刨冰"等充分使用当地食材的刨冰。

店长
石井雄先生

14 KOORIYA PEACE

地址： 武藏野市吉祥寺南町 1-9-9 大厦 1 楼
营业时间： 周二至周四、周六、周日 10:00～18:00（最后点餐时间 17:30）周五 10:00~20:00（最后点餐时间 19:30） **休息日：** 周一（遇法定假日或法定假日前一天则照常营业，并改为第二天休息）

2015 年 7 月开业，位于吉祥寺车站前步行 5 分钟即达的大楼里。经常开店前就排起了长队，远方慕名而来的客人和本地客人都很多。重视季节感的冰品很多，而常规冰品有 10 种左右。水果果冻刨冰在社交网站上引起热议。

店长
浅野由宝小姐
员工
山田遼平先生

15 二条若狭屋（寺町店）

地址：京都府京都市中京区寺町通二条下ル榎木町 67　**TEL：**075（256）2280
营业时间：茶馆 10:00 ～ 17:30（L.O.17:00）　**休息日：**周三

“二条若狭屋”原是一家从 1917 年经营到今天，传承了 4 代已有 100 年历史的和果子店。寺町分店的 1 楼是日式点心的销售处，而 2 楼的茶室则提供包含刨冰在内的甜点。多种刨冰中最受欢迎的当属火焰南瓜刨冰、以烤布蕾为配料的红苹果刨冰、草莓刨冰，还有像京都豆腐冰、黑豆冰、白味噌冰等充满京都特色的刨冰也都很受欢迎。日式风味的刨冰吸引了不少关西及其他地方的观光客上门尝鲜，特别是夏季经常非常拥挤。

店长
大石真由美小姐

16 BETSUBARA

地址：大阪府大阪市西区新町 2-17-3　**TEL：**06（6531）3171
营业时间：11:00 ～ 18:00、刨冰供应时间为 13:00 ～ 17:30（最后点餐时间是售完为止）　**休息日：**周日、周一

这是一家出售面包和点心的综合餐饮店。从大阪 · 帝冢山的《一蟹小面包房》和平野的“特洛瓦”采购的各种面包，以及对身体有益的点心。目前刨冰种类已增加到 50 多种，除 1 月、2 月外都能提供美味刨冰。夏季最好提前预约，客人中约有九成是 20 ～ 60 岁的女性。

老板
井原百合子小姐

17 宝石箱

地址：奈良县奈良市饼饭殿町 47　**TEL：**0742（93）4260
营业时间：10:00 ～ 20:00（最后点餐时间 19:00 售完为止）　**休息日：**周四

这是一家于 2018 年 3 月迁移到现在所在地，加上吧台席和桌子共有 36 个座位的刨冰专卖店。为了避免客人吃冰时觉得过凉，随刨冰还会附上一杯热茶，在座位脚边还备有板式加热器。另外，店里也销售刨冰所使用的食材与一些原创杂货。由于旺季时客人比较多，当天会发放号码牌以避免客人久候或扑空。秋冬时期，除了周末和法定节假日，没有号码牌也可以随时进店享用刨冰。

共同代表
刚田桂子小姐

18 OISHII KOORIYA（天神南店）

地址：福冈县福冈市中央区渡辺通 5-14-12 南天神大楼 1F　**TEL：**092（732）7002
固定休息日：周一（遇法定节假日则改为第二天休息）

在福冈全年都能享受刨冰的先驱专卖店。以老字号制冰公司引以为傲的冰块制成刨冰。夏季里，经常要排队等候两三个小时。全年供应的常规刨冰共有 7 种，因为使用福冈当地特有食材制作成的刨冰所以特别受欢迎。1 号店的唐人町店冬季期间不营业，等到第二年 3 月才重新开始营业。

店长
长勇太先生

因超级美味而大受欢迎的韩国刨冰

甜点咖啡厅“SNOWY VILLAGE 新大久保店”推出的极具视觉冲击力和口感松软绵密、高品质的牛奶刨冰大受欢迎。

店里制作刨冰不可或缺的材料之一就是 Nichifutsu Boeki 股份有限公司代理的“MONIN”糖浆。

雪花镇刨冰
SNOWY VILLAGE 新大久保店
☏ 03-6302-1158
地址：东京都新宿区百人町 1-1-20 绿色广场 II 1 栋 / 营业时间：周一至周四 10: 00 ～ 23: 00 周五、周六、周日及法定节假日 10: 00 ～ 23: 30，全年无休

人气第 1 名！

新鲜草莓冰酥

店里使用新鲜草莓制作的草莓冰酥是一道全年供应的爆品。❶把入口即化的冰盛装得满满的，在冰周围装饰上大量切成大块的新鲜草莓和松软绵密的鲜奶油。❷在刨冰中和草莓上面也加入了厚厚的“MONIN 草莓果泥”，再加入像果酱一样口感光滑的糖浆，可以使刨冰的入口体验更上一层楼。

MONIN 草莓果泥

果泥呈亮丽的红色。糖度 65，水果含量 50%。果泥中有草莓籽和膳食纤维，有果实浓郁的甜味。

❶

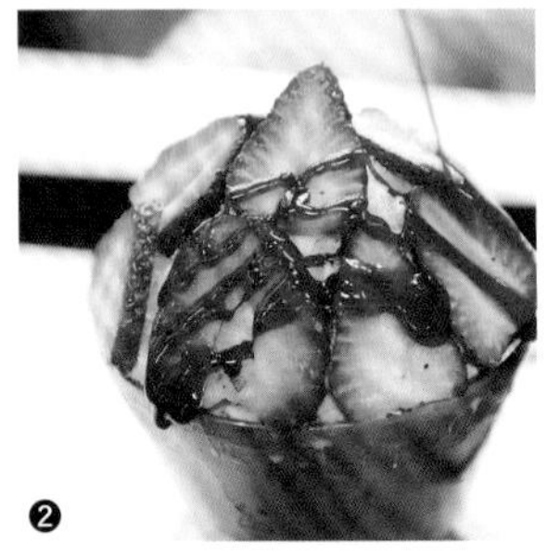
❷

蓝莓奶酪冰酥

这款产品使用了大量大颗粒的蓝莓，味道醇厚是它的魅力所在。MONIN 奶酪蛋糕糖浆的味道和“MONIN 莓果果泥”的绝妙搭配，更凸显了奶酪蛋糕的浓郁香气。此外，附盘附上“MONIN 奶酪蛋糕糖浆”，可依各人喜好添加，更能满足各种口味需求。

右：MONIN 莓果果泥

果泥呈深红色，糖度 60，水果含量 50%。它的特点是由综合覆盆子、蓝莓和草莓三种果实组成的，口味均衡。

左：MONIN 奶酪蛋糕糖浆

充满浓浓的奶酪蛋糕味，又带有酸味的糖浆。

果香四溢

综合莓果冰酥

大量使用黑莓、蓝莓和覆盆子果肉，是一款味道香浓且口感清爽的刨冰。将莓果香甜的美味全部锁住的“MONIN 莓果果泥”，酸甜的味道和果肉的颗料感令人一吃就上瘾。

MONIN 莓果果泥

草莓牛奶

在高质量的鲜牛奶中加入“MONIN 草莓果泥”。果泥在液体中非常容易溶解，瞬间呈现出漂亮的粉红色。味道也很好，一上市就很受欢迎。

MONIN 草莓果泥

MONIN

MONIN 的“果泥”系列和店里常见的透明玻璃瓶里的糖浆不同，是偏浓稠的水果泥。严格来说是取自甘蔗的纯糖和果汁、果泥制作而成的带有果肉的糖浆。除了“草莓果泥”“莓果果泥”外，还有酸甜中带微苦，使用柚子皮制成的“柚子果泥”等 16 种口味。这系列的果肉糖浆充满浓郁的果香和满满的果肉，非常适合用来制作刨冰、冰饮等含水分多的饮品。用大拇指压一下就能打开，也有泵可以单独购买。

“SNOWY VILLAGE”是一家源自韩国的雪花冰店，在世界各国开设有 150 多家店铺。2017 年 12 月日本第一家分店开张。松软的冰片在口中融化，有着丝绸般的新感觉，在 10 ~ 30 岁年龄层的女性顾客中获得了很高的支持，瞬间成长为人气刨冰店。

“冰酥（Bingsu）”在韩国是“刨冰”的意思。甚至曾被誉为“世界上最好吃的刨冰”，在日本经营该分店的 B.N 股份有限公司的总经理池宰焕先生这样评价。

我们公司的刨冰并不是使用一般的冷冻冰块，而是把新鲜、高品质的牛奶和鲜奶油作为基础的液体装入特殊机器中，用瞬间冻结的方式制作成牛奶冰砖。牛奶冰砖被削成雪花冰后，装饰上新鲜水果，卖相好看，口感也好。制作时绝对不可或缺的就是 Monin 糖浆。其中 Monin 果泥含有 50% 的果肉，味道非常浓厚香甜。充满香甜牛奶味的冰酥和新鲜水果相得益彰，只要撒上这个糖浆，用糖浆的甜味来衬托水果的酸，可以突出食材的原味。比如，“草莓果泥”是使用整个草莓，只需浇上糖浆，就好像用了手工制作的果酱一样，变成了豪华的刨冰。不仅方便使用，而且对创新产品也很有帮助。

使用种类丰富的 Monin 糖浆，一定能创造出更多的新产品。

第5章

日式刨冰店的可持续发展之路

——打造受欢迎的“长寿”刨冰店

以藤泽·鵠沼海岸的人气店“梵庵”为学习目标的5个要点

监修 “埜庵”店主
刨冰文化史研究家
石附浩太郎
ISHIDUKIKOTARO

组织　山本步美

第 1 节　作为先驱者

因开设刨冰店这个新事业而感到无比荣耀

2019 年迎来创业 17 周年的刨冰店“埜庵”，用天然冰和时令水果制作的糖浆制成的独创刨冰，全年都会提供，为了品尝这种令人回味无穷的美味，顾客络绎不绝。持续引领刨冰业的发展，仅夏季周末两天就有高达 500 份刨冰的销量，冬季也有 200 份的惊人销量。近年来，由于刨冰和社交网站的普及，越来越多外地的客人和外国游客也来打卡。

店里使用天然冰制作的刨冰有“草莓刨冰”“W 草莓刨冰”，还有夏季很受欢迎的“白桃刨冰”，以及和抹茶制造商多次头脑风暴后用综合抹茶粉制成的“抹茶刨冰”等，包含招牌基本款和限定款刨冰共有 20 多种。另外还随盘附上炼乳和巧克力酱，让客人依个人喜好自行添加，老少皆宜。店主石添浩太郎先生是将过去 1 杯 300 日元左右的刨冰价格提高到现在的 800 ～ 1000 日元的身价，开创了刨冰市场的先驱。

店主石添浩太郎先生表示：“我最初想做的是改变刨冰的规格。开业时，有人说一杯刨冰 800 日元也太贵了，但最近五六年来，很多店的定价超过“埜庵”。重新定义了刨冰新的价值，创造出寒冬也能营业的刨冰店，我感到很自豪。”

与刨冰结缘是在 1998 年，石附先生 33 岁的时候。他和大女儿一起去了琦玉县秩父郡长静，在“阿左美冷藏”吃到了用天然冰制作的梅酒刨冰，刨冰的美味打动了他。从那以后，石附先生多次拜访“阿左美冷藏”，2001 年 10 月他辞职正式加入“阿左美冷藏”学习刨冰技术。从 2002 年 4 月开始的半年时间里，为了学习料理而去学校潜心钻研。毕业后，他还用半年的时间在个人经营的民宿、法国餐厅、大型酒店等不同规模的 5 家饮食店兼职，努力吸收新知识，也努力工作以积累相关经验。

2003 年 3 月，石附先生如愿以偿地在地在镰仓小町通上开了一家小摊子，和妻子晴子 2 人用心经营着，虽然只有 2 年租约，但石附先生与妻子在这有限的 2 年内全力以赴地经营。

当时，石附先生使用秩父“阿左美冷藏”的天然冰，以秩父的天然冰在镰仓也能享受到为卖点，从第一年开始“埜庵”的日式刨冰就被各家媒体争相报道，上门品尝的客人也很多。随着租期结束，原本计划搬到同一个镰仓的古厝，但是因为建筑状态不好而放弃，搬到位于藤泽 · 鵠沼海岸站的店铺。2005 年 5 月 1 日“梦庵”重新开张。

“埜庵”石附先生一家。店主石附浩太郎先生（中）、妻子晴子女士（右）、长女千寻小姐（左）。拍摄当天次女汐里小姐恰好不在店里。

全身心投入于刨冰中，菜单中只有一种餐品

石附先生从小摊位变成了一栋2层的独立店铺，第一个想法是让更多人知道“埜庵”的存在。起初，为了迎合在附近居民活动中心的当地人的需求，供应牛肉饭配饮料和甜品的多个午餐套餐，整整2层都座无虚席，想吃刨冰的客人反倒没有办法进门。“乍一看好像生意不错，但客人来店里的动机并不是‘一定要到这里来’，而是‘这里不是挺好的吗’。这样的经营模式并非我真正想要的”，石附先生说

从第二年开始变为以刨冰为主的菜单。没想到客人骤减，终于在2007年11月，出现了一杯刨冰都没有卖出去的日子。以此为转机，石附先生下定决心将全身心投入于刨冰中，明知有客人数量会进一步减少的风险，正餐菜单却只有一个品种。这也不是说用划算的午餐吸引客人，而是考虑到如果想吃刨冰的客人肚子饿了可以垫垫肚子。夏季是吃冰的旺季，那期间店里只提供刨冰。

“这样的决定让一直想上门吃套餐的客人很失望，但是，从店铺经营的角度来说，重要的是要保证自己的模式，明确自己要改变的东西和不能改变的东西。”

38岁独立企业，如果10年后店铺倒闭，家人和员工都会很被动。石附先生回顾过往的经历时说：“这个经营方针能否继续下去的市场评估也很重要。”最终的目标不是单纯做出“好吃的刨冰”，而是打造一间“客人还想去的刨冰店”。要踏踏实实地把刨冰店的工作做好。目标就是让客人喜欢上“埜庵”，应该做的事情就变得明朗起来。

从那以后，店里菜单就一种餐品，比如“日式那不勒斯意大利面”，1月和2月登场的“味增乌冬面”或“咖喱乌冬面”，这些特别受客人欢迎的餐点，变相地成为不同于刨冰的“埜庵”特产。吃刨冰的同时也点餐的客人很多，在冬季更是有增无减，夏季1200~1300日元的客单价在冬季据说将超过2000日元，以单价提高来弥补冬季客人数量减少的损失。

第2节　打造一家好店的价值

增加忠实粉丝的数量

以前冬天极少有人吃刨冰。石附先生创业的时候，互联网开始发展，宣传方式不再局限于口口相传，网络博客的发展让“埜庵”被更多人知道。

夏天当然是享用刨冰的季节，而冬天则要看刨冰店老板做生意的本事了。于是石附先生想着“让大家冬天也能吃到美味的刨冰”，特地在冬季提供使用自制草莓糖浆制作的刨冰。石附先生的想法渐渐被世人所接受，人们开始意识到冬天刨冰的美味，颠覆了刨冰是夏天的食物的观念。

石附先生认为刨冰其实非常简单。只要切削冰再加入糖浆就可以了。这就是传统的日本饮食文化中的刨冰。但是，在过去漫长的岁月中，原本冬天就不存在刨冰这种食物。

所以，至今为止冬天的刨冰都不受条条框框的限制，什么新奇创意都可以。夏天将刨冰进行创新，冬天则做些独创的全新刨冰。并不是一年四季都提供相同的刨冰就是完美的，而是要在自己心中“清楚地区分”，才能吸引更多的顾客前来品尝。

那么，石附先生又是如何看待开店的“优势”呢？

之前没人开刨冰店。也许，在很久以前，有人挑战过，但最终无法继续经营下去。至少我开业的时候，东京都内也没有刨冰专卖店。如果有冬季刨冰市场存在的话，我想“埜庵”早就不存在了。拓展市场的基本工作是慢慢增加客流量，对于餐饮业来说是最简单的想法。我觉得真正的需求不是客人所期望的，而是客人还没注意到的细节我们也提前想到了。如提出“这么大的一碗刨冰我吃不下哦！”这样的客人，为他们打造“吃得完”“吃冰不会头痛”的刨冰。“埜庵”就是这样不断地为客人的新需求寻找解决之道，才得以生存至今。

而且，“埜庵”从开业到第5年为止，还真的经历了很多磨炼，说是吃尽苦头也不为过。但在这10年中，与“埜庵”的客人也增加了，幸运的是，开业初期就有很多客人，这一点让我很欣慰。“埜庵”的核心粉丝是真心支持“埜庵”的忠实客人。据说石附先生竞争的对手不是其他刨冰店，目标也不是打破世界记录，而是超越自己。虽然很多客人不会注意到，但是据说只要稍微偷工减料，马上就会被他发现。

店里的常客不仅在夏天旺季上门光顾，冬天也会来店里品尝美味。平日的午后，老客人上门，围着石附先生聊到忘记了时间的情况也屡见不鲜。另外，听说在常客中，正是在客人较少的冬天会来捧场，客人与店铺间产生了一种类似于希望为“埜庵”的销售额尽一份力的亲情。

石附先生从17年前开始一个一个不断增加客源的尝试，现在来看确实“结出了果实”。

（左）附上可爱的插图让菜单简单易懂。（右上）黑板菜单上写着今天的刨冰。（右下）在 2 楼的桌上放置焙茶、白开水、抽纸等供客人使用。

价值在于顾客与企业之间产生共鸣

目前像“埜庵”一样连续 17 年全年营业的刨冰专卖店在业界没有第二家，想要成为一家长期被喜爱的店，该如何创造和提升价值呢？

在上班时，石附先生一直从事业务工作。借着公司的招牌成功接到了不少生意。但结果导向符合公司的要求，如果是个人创业就不合适。自己思考怎么做，然后付诸行动，行动结果即是最终结果。但比起结果，实现目标的过程才是积累自己的知识和经验的价值体现，这样才能让自己更强大。

“我自己并没有打算去创造店的价值，或者让我有什么特别的价值。刻意追求也许反而容易事与愿违。使用天然冰和自制糖浆，在冬天也能提供美味的刨冰，我只是在力所能及的范围内做了最简单的事情。我觉得一个店的价值是客人的支持和认可，也就是说自己的想法与做法和客人会产生共鸣。我们可以通过销售战略锁定固定的客人，但在我看来，无论是女性还是男性，不管年龄大小，只要能对我的刨冰产生共鸣，每一个人都很重要。”

石附先生从创业至今一直坚持这种想法，他的坚定深受企业的认可，也因此带来了全新的商业机会。其中，以“与水共生”为企业理念的三得利食品饮料股份有限公司与他签订了咨询顾问合同，石附先生认为刨冰是一种“吃水”的日本传统饮食文化，二者非常一致。

“日本人拥有‘吃水’的文化，这一点在刨冰中得到了具体的体现，这就是商机。这也许就是一种全新的价值。”

第3节　注重与客人之间的沟通和交流

超越指南的待客方式会让人更加感动和产生共鸣

经营餐饮店的两大不可或缺就是“料理”和“待客之道”。其中会让人在心里留下深刻印象的“待客之道”是增加客流量的关键。

现在，“埜庵”的工作人员包括石附先生的家人（妻子晴子女士、长女千寻小姐、次女汐里小姐）在内总共18人。在冬季的工作日也有7～8人，承担着切削冰片和烹饪食材、接待客人等工作。本店使用天然冰和用时令水果等食材自制的糖浆所制作而成的独创刨冰，再加上舒适的待客方式也让客人愿意再次光顾。

“我们是一个团队，所有员工一起努力。店里没有什么指南手册，我也没有任何指导。只是让员工在可以作为好榜样的前辈手下学习切削冰片的技术、共享客户信息（例如点餐内容、桌子号码、人数等），培养员工自己思考并能独立行动。来店里打工的学生几乎都不会辞职，往往等毕业的同时就成为店里的正式员工。”

此外，在“埜庵”店里，与客人建立交流必不可少的重要小物件就是吸管了。工作人员随时环视着座席，将吸管及时送给客人。这是在刨冰融化变成果汁状时使用的，如果为客人及时递上吸管，客人会表示十分感谢，给客人留下服务贴心的深刻印象。

“最近，也有不少商家把吸管直接放在吧台上，或是在一开始就放置于桌上的小盒子里。这种方法确实更方便有效，但是本店真正的目的是借送吸管的机会好好地观察每一位客人享用刨冰的情况。可能容易错过第一时间给客人递上吸管，甚至没能递上吸管，但其实都不重要，最重要的是希望大家能了解店家这么做的用意。”石附先生表示。

“埜庵”也很重视留意每一位客人的特点。例如，在与转的时候，如果听到关西口音，就会与其他工作人员共享，并向石附先生报告。这样一来，等客人要离开时，便能打声招呼“从外地来的吗？”以增进与客人之间的沟通与交流。

另外，因为石附先生的妻子晴子女士在大学时代是学幼儿教育专业的，也做过保育员，所以对孩子们的关注度也特别高。

“晴子会特别留心到店的小孩子，向客人打招呼说一句‘好可爱的帽子啊’，不仅让家长觉得开心，也能拉近距离，能注意到这么细微的地方真不愧是做过专业的保育员，着实令人感到钦佩。最近，为节约成本减少人手已成常态，但更重要的是要用眼睛来获取客户的信息。工作人员多的话，才不会遗漏。“埜庵”之所以配置这么多员工也是有这个初衷的。”

虽然现在说员工太多是浪费，但是否浪费还是决于店里经营态度。适时递上吸管、与客人之间的自然互动，“埜庵”的店里总是被舒适、温暖的气氛包围着。因为是餐饮店，所以供应“好吃、美味”的食物是理所当然的。比起这个，“能不能让人想再来吃一次”是非常重要的。

“经常会有想创业的人问怎么招揽客人。与其招揽完全不认识的人来，不如请自己愿意来店的客人多来捧场，这样不是更简单吗？”

让顾客产生感动和共鸣远远超越店里的指南和手册。

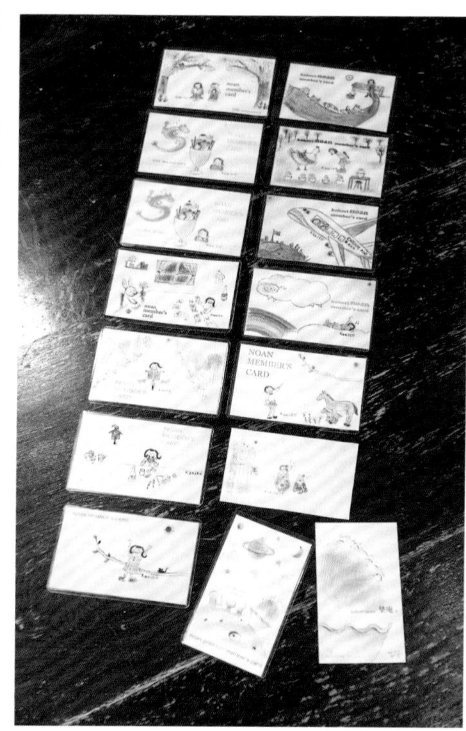

（左）石附先生认为客人吃完刨冰后的满足感是非常重要的，所以会一个一个地为客人送别并打招呼。石附先生和常客小西先生也聊得很起劲。
（右）从 2008 年开始发行会员卡，现在已经变成优惠餐券的封面。设计会员卡的是彩色铅笔画家关谷明子小姐，主题为不同地点的十二生肖，随着 12 年的时光流逝，十二生肖全凑齐了。

当着客人的面亲自说声“谢谢光临”的次数最多

石附先生是让人们认为冬天刨冰也很好吃、打造刨冰新兴事业的先驱者，据说这几年的刨冰热潮着实让他很意外。

“不久前我听说一个叫‘甜食男子’的词，我想引领初期刨冰热潮的大概就是这些人。这几年来，刨冰专卖店增加了不少，整个刨冰市场变大是好事。从刨冰的形态到服务客人的方法，特别是等位的号码牌发放的方式等也可以让我学习。”

另外，冬季刨冰市场变大了，“多亏了很多刨冰店的努力，让我也能受益，分一杯羹。”石附先生笑着说。而且这才是石附先生最初的目标之一。

石附先生的店开业后的第 4 年和第 5 年非常艰难，但是坚持了 10 年后，他终于赢得众人瞩目，并且与之产生共鸣的客人也越来越多了。

“全国各地的刨冰专卖店逐年增加，但是一开始不管是模仿谁，对于各个店来说，应该都有自己独特的风格。用心去创新、思考，目光放长远。亲自在店里观察也非常重要。我想应该没有其他店老板像我这样，在店里频繁露面。我非常重视和客人的对话，在客人离开的时候，我会尽量亲自和客人说声‘谢谢光临’来送别。和客人道别的次数恐怕比其他任何一家店的老板、店长都多，亲自向客人表达感谢。‘埜庵’无论什么季节或周末节假日，都有很多客人特意从市中心换乘电车，或者乘坐新干线或飞机从远方而来。我对于大家的支持充满了感激。我想尽量和客人互动沟通。比起好吃的，重要的是让客人觉得来了真好，最重要的是离开的时候客人的满足感。”

第 4 节 “埜庵”的日式刨冰

深受喜爱的 2 大热门冰品

W 草莓，夏季草莓刨冰

草莓刨冰中加入新鲜草莓果冻，是冬季冰品中最受欢迎的刨冰。采访当天的草莓是使用了长崎县产的“幸之香”草莓，将切成方便食用大小的草莓放入布丁杯中做成了果冻。将果冻藏在冰片里，再把冰片削薄，从上面浇上草莓糖浆。在吃的过程中，可爱又有弹性的草莓果冻出现了，那种惊喜让人感动。因为夏季不产草莓，所以在山梨县北杜市的“AKARI 农场”的专用温室里特意亲手栽培夏季草莓来制作刨冰。也正是因为一年到头都能使用新鲜草莓，“埜庵”的草莓刨冰才拥有超高人气。

（左）有透明感的草莓果冻既有草莓本身的微酸味，也有着自制糖蜜的微甜味道。（右）关于糖浆的浇淋次数，基本上是顶端、底部和四周共 3 次。为了让客人每一口刨冰都能品尝到糖浆的美味。

抹茶金时刨冰

制作抹茶糖浆所使用的抹茶，也坚持在“刨冰中保留传统美味的抹茶香气”，特委托爱知县西尾市的葵制茶股份有限公司特制的抹茶粉。从被用作点心的加工抹茶粉到茶道专用的高级品，老板亲自挑选适合不同刨冰的不同等级和不同品牌的抹茶。冰中加入了平家老字号和菓子店“安乐堂”的红豆馅，让大家吃刨冰之余还可以享受抹茶和红豆馅这一绝妙组合。再加上附赠的炼乳，就能品尝到抹茶牛奶刨冰的独特美味。抹茶金时刨冰是季节限定款，将白玉汤圆作为月亮，装饰上红叶形状的羊羹，成为令人印象更加深刻的刨冰。

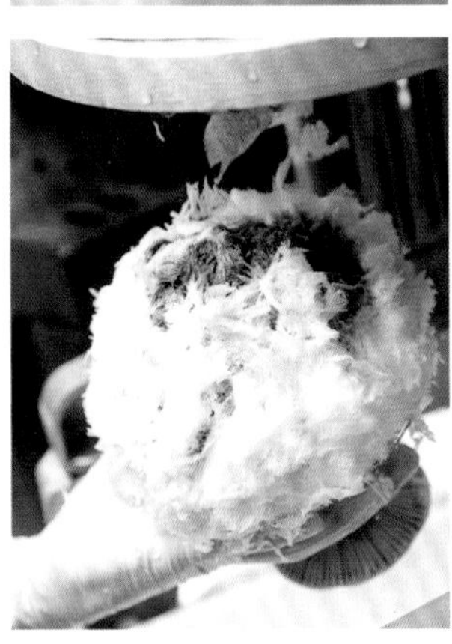

堆上冰后，浇上抹茶糖浆，在冰片中间的凹陷处加入满满的红豆馅。冰堆成三层，让冰片中饱含空气，最后再整理成圆形高塔状。

色彩、口感、味道都很好，让人留下深刻印象的刨冰

栽种于福岛县·会津地方北部多方市的苹果树。苹果装在袋子里尽可能地留在树上等熟透时再采摘下来，放在低温状态下有助于增加甜味。

苹果和猕猴桃刨冰

这款刨冰所使用的是福岛县产的“富士”苹果，是石附先生的叔父在多方市栽培的。将苹果和猕猴桃分别磨碎，与自制糖蜜混合做成水果泥糖浆。冰片松软的口感与糖浆中水果的微酸滋味，搭配出绝佳美味。把水果磨碎做成的糖浆是不经过加热处理的食品，所以不适合大量制作放置备用。

椰奶炼乳刨冰

椰奶和炼乳以2：1的比例制作成糖浆，将糖浆浇在冰片上，然后加上白玉汤圆作为配料，一道充满亚洲风情的甜点刨冰就完成了。另外，添加的椰子炼乳可以供客人依个人喜好调节甜度。椰奶的油脂在常温下会凝固，所以要花点心思，口感才会变得光滑。据说制作方法是个秘密。

（左）男性员工进行采冰作业，女性员工负责栽种草莓幼苗。只要亲自到出产食材的地方走一走，用心的态度必定有所改变。（右）菜单中最经典的招牌菜之一“日式那不勒斯意大利面”是令人怀念的味道。据说“这个真的经常出现在菜单中”。

最大限度地提升天然冰和糖浆各自的美味

如今，刨冰不再是夏天的特色，在隆冬时节也开始流行起来，享受刨冰的人越来越多。“埜庵”即使在冬季也会提供 20 多种常规招牌加季节限定刨冰，使用日光“三星冰室”的天然冰和时令水果，充满季节感。

“对夏季刨冰的评价由最初的三口决定。之后冰片会融化，这一点和饮料很接近。相反，冬天的刨冰直到最后都不会融化。必须让客人从第一口到最后一口都觉得很好吃，所以冬季刨冰更接近甜品。”

另外，刨冰味道的决定性因素是糖浆，它可以将新鲜水果的美味最大限度地发挥出来，因此特意搭配自家制的糖蜜混合在一起制作。石附先生为了让客人能品尝到天然冰和水果的美味，总是以神农尝百草的精神亲自挑选食材。

“最近虽然流行减糖，但刨冰原本就是不加热的食品，制作糖浆后过了 3 个多小时品质就变得不稳定，所以考虑到保水和保存的问题需要有一定的糖度。因此，砂糖不仅有调味的作用，还有保证质量的作用。在我店里的糖浆用法举例说明一下。例如，不是从一开始就把橘子汁和自制糖糖混合在一起，而是在刨冰上浇上糖蜜，然后在上面再浇上橘子汁。用重叠的方式，柑橘的香味会更香、更突出且更美味。另外，糖浆有糖度、浓度、温度、黏度 4 个维度，根据季节和当时冰片的切削方式随时进行调整。”

说起“埜庵”的代名词刨冰，当然还是草莓和抹茶。草莓的应季是在冬天，但为了让客人在夏天也能吃到新鲜草莓的刨冰，所以“埜庵”特别拜托山梨县北杜市的“AKARI 农场”栽培夏天品种的草莓。刨冰要好吃，必须使用一定分量的草莓，为了能正常大量使用这些珍贵且昂贵的夏季草莓，“埜庵”特地与农家签订了合约，买下一整座温室里的草莓。基于此，使用新鲜的夏季草莓做的糖浆不可能不好吃。

“不管怎么说草莓还是最注重新鲜度的。但是，因为夏天的草莓本身的味道也很酸，但实际上如果做成糖浆淋上，反而让绝大多数的客人觉得更好吃。使用新鲜的夏天草莓制作刨冰，肯定会更好吃。但是价格却都很贵，怎么办呢？我一直在想可以有什么方法让我们可以使用上这些珍贵的食材。天然冰也是这样。但是如果使用好的食材，料理自然好吃。所以，我的工作也只是考虑如何能一直使用那么珍贵的食材而已。”

另外，关于抹茶，“埜庵”从 2011 年开始也和爱知县西尾市的老字号抹茶制造公司“葵制茶”开始有了生意往来。石附先生认为，要想把抹茶做成刨冰的糖浆，少不了涩味和苦味的。“埜庵”冬季的人气刨冰“惠抹茶刨冰”使用的是以“葵之誉”为基底搭配有苦味和涩味的抹茶，调制成综合抹茶糖浆。

“最高级的抹茶是用精选的碾茶为原料制作的，但在高级品中掺入其他品牌的抹茶，这实在是超出了抹茶界的常识，一开始还真的很害怕被骂。”

当时就连制造商也感到很吃惊，用新创意制作的抹茶是我们最有自信的作品，“我真心觉得其实是‘埜庵’最棒的刨冰。”

第5节 日式刨冰产业的进一步扩大

切削刨冰并不是一份单纯的工作，而是要以刨冰为事业来经营

“埜庵”开业已有17年之久。现在，在日本，常年营业的刨冰专卖店持续增加，冬天也有很多粉丝喜欢吃刨冰。在此期间，刨冰业界的先驱石附先生没有单纯地将切削冰片视为一种单纯的工作，而是作为一门事业。此外，为了传播日本的刨冰文化，在各大媒体上被采访的次数也增加了，他大力宣传刨冰的魅力，并以将刨冰作为一门事业而自豪。

此外，想来参观学习的相关从业者也很多，石附先生毫不吝惜地传达了经营刨冰店的诀窍，提供建议。为了让大家在家也能享受到美味的刨冰，在2011年出版了《刨冰专门店·“埜庵”家的美味刨冰（在家享用纯天然的日式刨冰）》”（株式会社KADO-KAWA MEDIA FACTORY)。书中首次公开了刨冰的基本糖浆、水果和使用炼乳制作的原创糖浆。这本书现在每年都要加印，在国外也有很高的人气。

从2013年开始“埜庵”偶尔也会在百货公司举办的特卖会中设立摊位。由于刨冰是非加热食品，因此必须特别注意卫生方面的问题，百货公司的厨房规模更大、人更多，所以每天可以销售1000杯以上。至今为止，在神奈川县的Saikaya藤泽店、横滨高岛屋、横滨SOGO店、冬京都的新宿高岛屋等地都有过非常好看的业绩。

从2015年开始，“埜庵”和三得利食品饮料公司（以下简称三得利）签订了一项咨询合同，共同开发刨冰相关商品，以及监督制作“高级水果糖浆”，并于同年举办的“南阿尔卑斯矿泉水”的活动中，提供刨冰机和限量供应的“高级水果糖浆”作为赠品。

“吃刨冰＝吃水是日本的独特的文化之一。这和‘与水共生’的三得利的企业理念相近，因此我立志投身于日本的文化事业中。”

正如本书开头石附先生的序言中所写的那样，他被邀请到美国顶尖料理学校（The Culinary Institute Of America，简称CIA）的加利福尼亚分校。

演讲，并为大家介绍日本饮食文化的刨冰。石附先生再次认识到，不仅仅是切削冰片、浇淋糖浆那么简单，这种日本独有的刨冰，正是一种足以代表日本的日本文化。

（左上）东京都港区的户外市集“COMMUNE246”曾于 2015 年 6 月 25 至 8 月 31 日开设了一间期间限定的刨冰店，供应使用“三得利南阿尔卑斯矿泉水”制成的冰块所做成的刨冰。（右上）当时石附先生担任总监，第一天就以“三得利天然冰刨冰机”制作松软可口的绵密刨冰而吸引不少客人上门。（下左、下右）2015 年 6 月 30 日开始限量销售的“三得利南阿尔卑斯天然水高级水果酱”（香醇草莓、绵密白桃、新鲜柳橙）也是在石附先生亲自监督下制作而成。

近年来，日本各地都举办了刨冰推广活动，从 2016 年至 2018 年，山梨县北杜市举办了使用三得利的“南阿尔卑斯矿泉水”冻成的冰块来制作刨冰的活动。

此外，始于 2018 年的新泻县“新鸿刨冰计划”也举办过一场刨冰机活动，以辅助研磨“埜庵”刨冰机刀片的 SAKATA 制作为首，结合长冈的燕三条的金属加工和刀片制作技术。

“虽然有很多以食材为切入点的城镇振兴项目，但是从产品制作开始的和刨冰几乎没有任何关系，因此我们很关注这种非常罕见的尝试。”

刨冰并非只是单纯的切削冰片的工作，更是一门高深的学问，石附先生将带着这份责任与荣耀继续推广刨冰。

图书在版编目（CIP）数据

梦幻刨冰：日本刨冰名店人气食谱 /（日）株式会社旭屋出版著；周丹译 . -- 北京：中国纺织出版社有限公司，2023.7

ISBN 978-7-5180-9452-3

Ⅰ. ①梦… Ⅱ. ①株… ②周… Ⅲ. ①冷冻食品—饮料—配方—日本 Ⅳ. ① TS277

中国版本图书馆 CIP 数据核字（2022）第 052153 号

原文书名：かき氷 for Professional

原作者名：株式会社旭屋出版

Kakigoori for Professional

著作权合同登记号：图字：01-2021-3092

责任编辑：舒文慧　　责任校对：高　涵　　责任印制：王艳丽

中国纺织出版社有限公司出版发行

地址：北京市朝阳区百子湾东里A407号楼　邮政编码：100124

销售电话：010—67004422　传真：010—87155801

http://www. c-textilep. com

中国纺织出版社天猫旗舰店

官方微博 http://weibo.com/2119887771

北京华联印刷有限公司印刷　各地新华书店经销

2023年7月第1版第1次印刷

开本：889×1194　1/16　印张：11

字数：198千字　定价：88.00元